미휴의 디자인 천연비누

天然系
韓式質感手工皂

37種天然色粉 × 33款造型技法
韓國手工皂女王教你做出韓式清新手工皂

權卿美——著　林育帆——譯

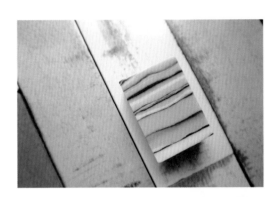

呵護肌膚・療癒生活的天然質感手工皂

　　我總是思考著如何製作完美的手工皂，腦海中對於全新設計的想法終日揮之不去，感到相當苦惱。無論是結束工作後返家的夜晚，或是不用上班的週末，手工皂總是與我同在。平時我也會隨身攜帶筆記本，隨時畫出當下所想到的設計，然後思索要使用哪些天然材料和油脂，盡心調配色澤，並做出各式各樣的紋路。當完成跟草圖一模一樣的手工皂時，湧上心頭的成就感實在難以言喻。不斷累積這些微小的幸福，不知不覺之間，我已經在製作第 800 顆手工皂了。

　　我原本主修陶藝，平日以陶瓷器老師的身分指導學生。投入工作一段時間後，我發現自己需要能短暫休息並轉換心情的出口，而那答案就是手工皂。攪拌著自己選擇的香氣與材料，變出小巧又精美的手工皂，在這樣的過程中，我彷彿獲得了有別於陶藝的快樂，於是我與手工皂之間的緣分就此展開了。

　　起初，我先找出自己的膚質，再調配適合的成分完成手工皂。由於親手製作，我相當認真地使用手工皂清潔，並感受到膚況的日漸改善。大大小小的痘痘消失不見，而且不用擦上厚厚的保濕霜或眼霜，皮膚依然滋潤十足。從那時起，我便深深陷入手工皂的魅力，同時也開始將如此完美的手工皂介紹給家人、朋友和身邊深愛的人們。

　　換季期間或愈來愈乾燥的秋冬之際，就使用保濕皂洗臉；長痘痘的時候則使用痘痘舒緩皂洗臉；皺紋跑出來的時候，使用老化專用皂洗臉。我也曾為了討厭洗澡的孩子苦惱，思索是否有什麼解決辦法，後來就製作出了有花紋的小小方型

皂。結束疲憊的一天時，我們會在浴室度過珍貴的時光，我真心希望這段時光對孩子們來說也是快樂的。當孩子們得到不是市售的普通手工皂，而是色澤、花紋、形狀繽紛亮眼的手工皂，也漸漸愛上了洗澡時光。從那時起，我開始傾注更多時間與心血設計手工皂，目前更以「手工皂老師」的身分展開第二人生。

我不斷思索「如何做出更完美的手工皂」，因而催生出眾多手工皂款式，我也逐一記錄在社群網路上。一篇一篇地發文後，不只國內，國外也開始有許多人關注，製作方式及款式設計等提問更是不曾間斷。雖然我想詳細地為他們解說，但是情況卻不允許，每次都令我感到很遺憾。這也成為我撰寫詳細、易懂的手工皂指南書的契機。

希望這本書能幫助已經瞭解天然手工皂的人嘗試設計全新款式；也能讓第一次接觸的人興起想一直跟著做、想擁有、想購買手工皂的念頭。期許大家在忙碌的日常生活中能找到悠閒時間與活力，並為生活品味帶來微小而美妙的變化。親手為重要的自己與深愛的人製皂，即是「療癒」的過程本身。但願大家在製皂的同時，也能感受心靈上的療癒。

試著根據收禮人的喜好與膚質，製作世上獨一無二的手工皂，也許你將會發現更加享受沐浴時光的自己！最後，我想對全力為我加油的學生，以及深愛的家人致謝。

與清香的手工皂一同展開生活的 1 月
權卿美

✦ **Contents** ✦

PROLOGUE │ 呵護肌膚‧療癒生活的天然質感手工皂　4

Part 1
如何製作手工皂

GUIDE 1 ┆ 何謂天然手工皂？　12

GUIDE 2 ┆ 常見手工皂用語　14

GUIDE 3 ┆ 必備工具　16

GUIDE 4 ┆ 基礎材料　20

GUIDE 5 ┆ 認識基底油　26

GUIDE 6 ┆ 認識添加物　34

GUIDE 7 ┆ 手工皂組成配方　48

GUIDE 8 ┆ 製皂時的注意事項　53

GUIDE 9 ┆ 製作基本款手工皂　54

Part 2
簡約風造型手工皂

保濕橄欖油皂
♦ 單色技巧 ♦
63

黑白備長炭雙層皂
♦ 直線分層技巧 ♦
67

魚腥草青黛皂
♦ 曲線分層技巧 ♦
71

寶寶抗敏皂
♦ 表面裝飾技巧 ♦
75

金箔備長炭皂
♦ 表面彩繪技巧 ♦
79

大理石備長炭皂
♦ 大理石紋技巧 ♦
83

美白杏桃核皂
♦ 磨石子技巧 ♦
89

羽毛麥苗皂
♦ 羽毛紋路技巧 ♦
93

收斂毛孔辣木皂
♦ 水滴技巧 ♦
99

珍珠光澤皂
♦ 分層裝飾花技巧 ♦
103

Part 3
特殊造型手工皂

火山泥三層皂

♦ 三層技巧 ♦

111

牛奶肌蒲公英皂

♦ 線條技巧 ♦

115

彈潤南瓜皂

♦ 表面彩繪技巧 ♦

121

備長炭潔淨皂

♦ 渲染技巧 ♦

125

湯之花溫泉皂

♦ 嵌入技巧 ♦

131

火山灰抗痘皂

♦ 斜層技巧 ♦

135

抗乾癢波浪皂

♦ 線條技巧 ♦

139

水潤茉莉柳橙皂

♦ 水稻紋路技巧 ♦

145

諾麗果抗老皂

♦ 羽毛紋路技巧 ♦

149

銀蓮花皂

♦ 水滴技巧 ♦

155

魚腥草抗痘皂

♦ 分層嵌入技巧 ♦

159

切面圓點皂

♦ 圓點技巧 ♦

165

Part 4
藝術感造型手工皂

滿月星空皂
♦ 渲染技巧 ♦
173

藍天大海皂
♦ 流動技巧 ♦
177

花梨木親膚皂
♦ 圓點技巧 ♦
183

薰衣草三層皂
♦ 分層技巧 ♦
187

方塊穿繩皂
♦ 分層技巧 ♦
193

宇宙星球皂
♦ 嵌入技巧 ♦
197

年輪皂
♦ 圓點技巧 ♦
203

王冠皂
♦ 斜線分層嵌入技巧 ♦
207

指甲花洗髮皂
215

溫和肉桂寵物皂
219

皂邊活用鵝卵石皂
224

附錄

油品的氫氧化鈉皂化價　227　/　油品的脂肪酸組成比例　228

如何製作手工皂

我也能學會製作手工皂嗎？這是很多人初次接觸天然手工皂時常有的疑問，就連我也曾浮現過這樣的煩惱。因此，為了幫助大家減輕擔憂，我決定寫下手工皂的製作說明書。只要讀完說明書、按部就班地跟著做，你將會產生自信，可以大聲說出：「我也會做手工皂了！」快跟我一起親手製作擺放在浴室一角的精美手工皂吧！

何謂天然手工皂？

天然手工皂，意指使用純正油脂與氫氧化鈉所製成的手工皂。

❖ 天然手工皂的特徵

- 使用原料為純正油脂，所以各項油品的功效值得期待，不含對人體有害的化學成分。
- 皂化過程中自然生成的甘油對皮膚有保濕作用。
- 可選擇適合膚質的油品、天然材料、功能性添加物，製作符合自己需求的手工皂。
- 有別於一般的化學清潔劑，屬於不會汙染環境的環保清潔品。

製皂的基本原理

皂＝油＋氫氧化鈉水溶液（水＋氫氧化鈉）→皂化作用→皂＋甘油

❖ 天然手工皂的種類

根據製作方式，天然手工皂可區分為四大類。分別是對已製成的皂基進行 2 次加工的「MP 皂」、直接調配油品後所製成的「CP 皂」、透明的「HP 皂」以及收集零碎手工皂後所製成的「再生皂」。

MP 皂（Melt&Pour）

MP 手工皂意指採用融化後再倒入的方式所製成的手工皂。將已完成的皂基切碎，加熱融化後，再添加功能性添加物所製成。使用各種造型的模具，就能製作出各式各樣的手工皂。材料方便處理，即使是初學者也能輕鬆搞定。優點是，製造後馬上就能使用。

CP 皂（Cold Process）

CP 手工皂意指採用低溫所製成的手工皂，是最典型的天然手工皂。在低溫（40 ~ 45℃）狀態下，攪拌油脂和氫氧化鈉水溶液後，再經過皂化作用形成純手工皂成分與甘油的過程所製成。優點是，可選擇基底油和添加物等自己想要的材料，再製成適合膚質的手工皂。製皂後，必須乾燥 4 ~ 8 週左右才能使用。本書只處理冷製法（CP）手工皂。

HP 皂（Hot Process）

HP 手工皂亦稱為熱製法手工皂，製造透明皂或皂液時使用。在 70℃ 以上的高溫狀態下，邊攪拌邊添加糖水或乙烷等，便能製作透明皂、廚房清潔劑或沐浴乳等產品。

再生皂（Rebatching）

再生意指「重新製作」，將切割冷製法（CP）所製成的手工皂或是研磨過程中所產生的手工皂塊加熱融化後，放入添加物進行再加工的方法。為了放大添加物的優點或製造更純正的手工皂，通常會採用再生法。

常見手工皂用語

只要事先熟悉製皂中的常見用語，製作時就會更方便。

基底油

製皂時所使用的油脂，主要使用植物性油脂，有時會將各種油品同時調配在一起，有時也會單獨使用。

皂化

將基底油和氫氧化鈉水溶液混合後，製成皂和甘油的過程。

皂化價

1g 油脂皂化所需的氫氧化鈉或氫氧化鉀的量。氫氧化鈉的皂化價會依不同油脂而有所差異。　　　　　　　　　　　　※ 油品的氫氧化鈉皂化價請參考附錄（p.227）。

減鹼

製作 CP（冷製法）手工皂時，減少皂化油脂所需的氫氧化鈉添加量的方法。一部分的油脂未經皂化，留下油脂的有效成分，因此能製作成為肌膚帶來更多保濕力的溫和手工皂。減鹼通常會扣除 3 ～ 5% 左右的鹼量，如果扣除太多的比例，將有酸敗的疑慮。除此之外，應依照季節或液體添加物的用量來調整減鹼配方。

超脂

在皂液處於 Trace 狀態下，添加基底油外的高價油品或功能性油品，藉由殘留未經皂化油脂的方式達到超脂，以提升保濕力。超脂過量容易導致酸敗，因此建議勿超過油脂總重量的 2%。濕度高的梅雨季節時，最好盡可能避免。

Trace

油脂與氫氧化鈉水溶液反應後形成帶有黏性的濃稠狀態。藉由皂液滴落時表面所留下的痕跡，掌握 Trace 程度。操作 Trace 時，相較於一開始即使用手持攪拌器，反覆且緩慢地進行用矽膠勺攪拌的過程，才不會產生甘油痕跡。此外，Trace 不順利以致皂液變稀的情況下，保溫過程中也可能導致皂化不完全。設計手工皂時，確實調整 Trace 狀態再製皂，這點十分重要。

保溫

將皂液倒入模具後，為了穩定進行皂化過程，會蓋上毯子或放入保溫箱內以維持溫度。通常會依周圍環境而有所差異，不過 30 幾度的溫度最恰當。

膠化

保溫過程中產生高溫使皂液中央變透明的現象。通常在開始保溫後的 3 ～ 4 小時之間最顯而易見，從模具中央開始往角落進行。過度膠化的手工皂可能會產生裂縫，並且也會產生大量甘油，優點是使用起來很溫和，所以應盡早使用。

白粉

保溫結束的狀態下，手工皂表面會產生白色粉末。通常是因保溫時的溫度與實際溫度兩者之間的溫度差異所形成的，只要將白粉洗掉後再使用即可。

晾皂

將結束保溫階段的手工皂切成理想大小後，置於通風良好的地方，以除去水分。晾皂時間愈長，愈容易變成溫和且洗感佳的手工皂。晾皂約 4 ～ 8 週後再使用最恰當。

必備工具

以下是製皂時的所需工具。只要有這些工具，無時無刻都能製作健康又美麗的手工皂。一起來認識各個工具的種類和使用方法吧！

加熱工具

電磁爐
用來加熱油脂或融化固體油脂。

測量工具

電子秤
用來準確測量油脂與粉類等材料。以 1g 為單位測量也無妨，如果以 0.1g 為單位測量，可以測得更精準。

電子溫度計
用來測量油脂、氫氧化鈉水溶液和皂液的溫度。

耐熱玻璃燒杯
用來測量氫氧化鈉、精油等材料。

不鏽鋼量杯
用來混合或測量基底油。量杯塗層不會因為氫氧化鈉而脫落,使用起來相當方便。

塑膠量杯
使用耐熱的塑膠製品,用來分裝不同容量的皂液,以及製作不同色調的皂液,有握柄且杯口有尖嘴的燒杯使用起來更方便。

手持攪拌器、打蛋器
用來均勻攪拌油脂和氫氧化鈉,以及將粉類或色素打成液態。

藥匙、量匙
用來舀粉類、攪拌材料和裝飾手工皂。

矽膠勺
用來均勻混合油脂和氫氧化鈉。將皂液倒入模具時,也可以用矽膠勺將殘留的皂液刮得一乾二淨。

模具
用來盛裝皂液使之凝固。使用矽膠模具方便手工皂脫模,可依照手工皂尺寸和形狀選擇適合的模具。

旋轉盤
製皂時，將模具放在旋轉盤上，方便讓模具轉向理想的方向。

各種容器
將皂液裝入容器中再使用，便能畫出細緻又豐富的紋路。相較於堅硬材質，柔軟材質的醬料瓶清洗更方便。

修皂器
用來修整皂邊或是將切好的手工皂修整齊，有助於將手工皂的形狀或表面修得更光滑平整。

手工皂裝飾切割器
替手工皂做裝飾或紋路時，能做出想要的形狀。

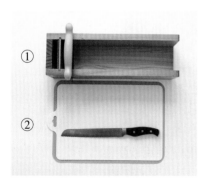

① 切皂器
用來將完成的手工皂切割成理想大小。可以用刀子切，但是如果想切成平整且一定的大小，建議使用有琴弦刀的切皂器會更方便。

② 矽膠墊
製造手工皂時墊在桌面上，即使沾到油脂或皂液也無須擔心，清理也很方便。

皂章
用來記下手工皂的製造日期或裝飾手工皂。

手工皂保溫箱
手工皂倒入模具後保溫時使用。可根據周遭溫度蓋上毯子或使用保麗龍箱。

pH 值測試紙
使用做好的手工皂前,用來檢測手工皂的酸鹼值。pH 值介於 7 ～ 9 之間最為恰當。

防護工具

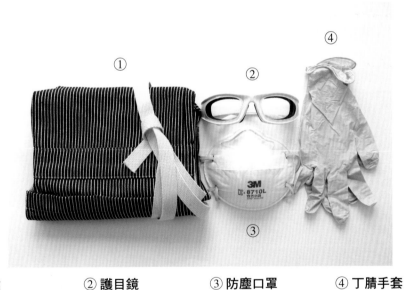

① 圍裙
防止衣服被皂液濺到或沾到。

② 護目鏡
皂液濺起來時能保護眼睛。

③ 防塵口罩
處理氫氧化鈉時所產生的煙霧可能會傷害鼻腔或脖子的黏膜,戴口罩可保護黏膜。

④ 丁腈手套
防止皂液沾到手,同時也能讓製造手工皂的作業更簡易且方便。

Guide 4

基礎材料

製作 CP 手工皂（冷製法）時，基底油、氫氧化鈉和純淨水是必備的三項材料，另外也可以根據其它的添加物（粉類、精油、色素、香草等）為皂體增添設計要素，製作成別具個性的手工皂。

❖ 三項必備材料

基底油

　　油脂是手工皂的主要成分，根據種類或比例，可製成帶有各種功能的手工皂。只要瞭解各種油脂的特性，就能選擇適合膚質的油品。

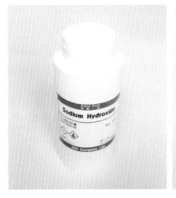

氫氧化鈉

　　氫氧化鈉溶於純淨水後，跟油脂起作用後會開始皂化，是不可或缺的材料。雖然是強鹼物質，但是只要確實遵守注意事項，便能安心使用。

　　使用時務必注意，氫氧化鈉碰到水會釋放熱量，因此應使用耐熱玻璃或不鏽鋼材質的容器或工具。由於氫氧化鈉屬於強鹼，所以應避免碰到皮膚，如果不慎碰到皮膚，請充分沖洗乾淨。一旦產生濕氣，便會釋放熱量，因此保存時務必蓋好蓋子。在通風良好的地方穿戴好防護工具後再進行。

純淨水

　　溶化氫氧化鈉時所使用的材料。純淨水的用量是所有油脂量的 30 ～ 40%，可用蒸餾水、花水、山羊奶、小米酒等液體替換。不使用自來水或含有礦物質的水。

　　Tip 本書根據手工皂的硬度，使用用量約 28 ～ 30% 左右的純淨水。

❖ 添加物

精油

　　從植物的花、葉片、根和樹木等地方萃取而來的植物性天然油品，廣泛使用於芳香療法中。在手工皂方面，使用精油是為了增添香氣。每種精油香味擴散的速度和持續時間不同，因此可以混合 2 ～ 3 種相互協調的系列精油，提高香味的持久力，發揮增效作用。

天然粉末

　　我國中藥材眾多，大量將天然粉末做成中藥或保養專用的面膜材料。每種粉末皆擁有五顏六色的色彩和各種功能，因此使用時請挑選適合手工皂特性的粉末。

皂用色素

　　用天然粉末調配出繽紛色彩是有限的。設計手工皂時，為了讓油脂本身的色彩更鮮豔，並調配出更繽紛的色彩，通常會使用皂用色素。氧化物是從礦物中除去有害物質和雜質後，將其製作成像天然成分一樣的色素。不易溶於油脂中，因此比起直接當作粉末使用，將它加入基底油中變成液態再使用會更方便。有能調配出白色的二氧化鈦，以及黃色、橙色、紅色、綠色、棕色、藍色、黑色、粉紅色、紫色色素等，可以搭配天然粉末一起使用，或是跟其它顏色的氧化物混合後再使用。

　　調配氧化物中沒有的色調時會使用雲母，它的粉末本身不但帶有珠光光澤，也容易溶於油脂中，使用極少的量就能顯色。

乾燥香草

　　製皂時，會跟皂液混合後使用，也會用來裝飾手工皂表面，或是將乾燥的中藥材或香草放入橄欖油或葵花油中，當作是讓中藥材或香草的有效成分釋放出來的浸泡油材料。此外，也會用於熬煮材料以萃取出香草有效成分的煎劑法中，以及將蒸餾水做成水相。

認識基底油

以下介紹本書主要使用的油品種類與特徵。製皂時所使用的油品種類多元，只要掌握各油品的特性，就能製作適合自己膚質的手工皂。適當調配這些油品再製成配方，是製作完美手工皂的第一步。

❖ 基底油的種類和特徵

椰子油（Coconut Oil）

製作天然手工皂時最常使用的油品。起泡度佳，可提升洗淨力，也能讓手工皂更有硬度，並使皂化反應穩定進行。

棕櫚油（Palm Oil）

跟椰子油一樣，屬於常用油品。能提升手工皂的硬度，製造出細緻的泡沫。屬於飽和脂肪酸，含有油酸，能有效保濕。

橄欖油（Olive Oil）

繼椰子油和棕櫚油之後，也屬於常用油品，是所有膚質（乾性肌、痘痘肌、敏感肌、毛髮護理等）皆適用的典型油品。製皂時能感受到溫和的觸感和保濕度，可製作成橄欖油皂或馬賽皂供乾性肌的人或嬰幼兒使用。不過，含有大量橄欖油的手工皂使用時會刺激眼睛，因此應注意避免滲入眼睛。

綠茶籽油（Green Tea Seed Oil）

綠茶含有的單寧酸成分和綠茶籽油含有的胡蘿蔔素成分能抑制痘痘生成、鎮靜肌膚，並有效抑制黑色素。主要用來製作抗痘皂、美白皂、彈力皂、洗髮皂等。

月見草油（Evening Primrose Oil）

對乾癢肌或異位性皮膚炎有效。氧化速度快，使用時（100g 以上）建議連同維他命 E、葡萄籽或小麥胚芽油一起添加到配方中會更好。

山茶花油（Camellia Oil）

能有效鎮靜異位性皮膚炎或乾癢肌，同時也能為頭髮帶來光澤感，是常用於固體型態洗髮皂的油品。

玫瑰果油（Rose Hip Oil）

能有效讓受損的皮膚再生，並有助於改善皺紋與老化，多用於眼霜。

澳洲胡桃油（Macadamia Oil）

含有大量與人類皮脂成分相似的成分，能為乾性肌帶來保濕度，並能有效預防老化。不易氧化，使用期效長，可以當作荷荷芭油的替代油品。製皂時會讓手工皂表面變光滑。

米糠油（Rice Bran Oil）

富含礦物質，能有效鎮靜皮膚，並具有潔顏效果。預防老化和保濕效果卓越。如果添加大量米糠油，會加快 Trace 速度，應調整用量再使用。

杏桃核仁油（Apricot Kernel Oil）

對乾敏肌和老化肌膚有益。跟甜杏仁油一樣，多被用作敏感部位的清潔用品。

大豆油（Soybean Oil）

方便取得的油品，可用甜杏仁油代替使用，能潤澤肌膚，讓肌膚變光滑。

甜杏仁油（Sweet Almond Oil）

多用作敏感的臉部和頸部的按摩油，肌膚保濕和吸收力佳，對乾敏肌有益，能為疲勞的皮膚帶來活力。

乳油木果油（Shea Butter）

製作天然手工皂時最常使用的油品，能替疲勞又乾燥的肌膚帶來保濕力，同時也能製造出綿密的泡沫。製皂時，使用油脂總重量的 10% 左右。

亞麻籽油（Linseed Oil ／ Flaxseed Oil）

含有大量 Omega-3 的代表性油脂，對異位性皮膚炎的肌膚相當有效。由於含有大量次亞麻油酸容易酸敗，使用時建議同時添加葡萄籽油或小麥胚芽油。

酪梨油（Avocado Oil）

能讓肌膚變柔嫩，對於頭髮、曬黑的皮膚、乾敏肌、老化肌膚也很有效。添加在敏感肌專用皂、嬰兒皂、洗髮皂等手工皂中再使用，使用起來便會明顯感受到水嫩感。

玉米胚芽油（Corn Oil ／ Maize Oil）

含有均衡的脂肪酸，能製造出品質極佳的手工皂。富含維生素 E，能防止酸敗。它的抗氧化作用能抑制老化，能為肌膚帶來保濕度，並讓肌膚更光滑，屬於抗氧化穩定性高的油脂。

小麥胚芽油（Wheat Germ Oil）

是基底油中維他命 E 和蛋白質含量最多的油脂，對乾性肌和老化的肌膚有益。是油脂的天然防腐劑，但是含油率不到 7%，因此必須和其它油脂混合使用。不過，異位性皮膚炎或敏感肌最好避免使用。

芥花油（Canola Oil）

製皂時多用來代替橄欖油，保濕力卓越，親膚力佳。飽和脂肪酸含量低，皂化速度偏慢，使用時用量在油脂總重量的 10% 左右為佳。

葡萄籽油（Grapeseed Oil）

含有大量抗氧化的維他命 E，容易保存，適用於任何膚質，尤其對油性肌膚有益。不但能讓肌膚更柔嫩，對老化的肌膚也很好。皂化速度慢，如果放太多，硬度會變差，因此使用時應少於油脂總重量的 10%。

蓖麻油（Castor Oil）

黏性和透明度佳，製皂時使用的話，能提高保濕度和泡沫持久力。如果製作洗髮皂或沐浴皂時能添加在配方中會更好。使用過量的情況下，手工皂可能會變軟或變透明，因此製皂時用量應低於 5%。

葵花油（Sunflower Oil）

具有保濕力和鎮靜效果，多半用作抗痘產品或浸泡油的基底油。大量用於手工皂中的情況下，Trace 時間會增加。

榛果油（Hazelnut Oil）

具有收斂效果，對油性肌和痘痘肌有益。抗氧化穩定性高，能有效防止老化、收斂毛孔及增加肌膚彈性。

荷荷芭油（Jojoba Oil）

容易保存且穩定性和肌膚吸收力佳，具有保濕、殺菌、消炎、消除老廢物質等功效，適用於任何膚質。只用荷荷芭油的話，皂化反應會不完全，因此 Trace 後建議進行超脂，添加 10g 左右為佳。

紅花籽油（Safflowerseed Oil）

能有效強化髮絲和抑制掉髮，製皂時皂化速度慢。

· 根據膚質及用途選擇基底油 ·

乾性肌　橄欖油、山茶花油、酪梨油、荷荷芭油、甜杏仁油、芥花油

異位性皮膚炎　橄欖油、山茶花油、月見草油、荷荷芭油、米糠油、大麻籽油、亞麻籽油、摩洛哥堅果油

油性肌&痘痘肌　綠茶籽油、葵花油、杏桃核仁油、榛果油、葡萄籽油

老化　綠茶籽油、酪梨油、澳洲胡桃油、玫瑰果油、琉璃苣油、小麥胚芽油、葡萄籽油、米糠油

敏感肌　月見草油、酪梨油、橄欖油、荷荷芭油、山茶花油、杏桃核仁油

頭皮　酪梨油、山茶花油、綠茶籽油、蓖麻油、小麥胚芽油、月桂油

卸妝潔面　米糠油、杏桃核仁油、甜杏仁油、葡萄籽油、橄欖油

❖ 油品脂肪酸

　　製皂時所使用的油脂是由飽和脂肪酸和不飽和脂肪酸所組成。脂肪酸依種類而有不同作用，各油脂所含有的含量也不同，會影響手工皂的性質（硬度、洗淨力、保濕度）。瞭解油品脂肪酸後再製皂，便能挑選合乎手工皂特徵的油品，並決定油品的用量，有助於製造適合膚質的手工皂。

飽和脂肪酸

　　飽和脂肪酸具有不易氧化的穩定結構（碳氫鏈不含雙鍵），常溫下是固態，能讓手工皂有硬度，起泡度佳。屬於動物性油脂的組成成分，不過植物性油脂如椰子油、棕櫚油內也含有大量飽和脂肪酸。如果想製作具備手工皂基本性質如洗淨力、起泡度、硬度的手工皂，就得添加屬於飽和脂肪酸的椰子油和棕櫚油，這樣才能做出具穩定性的手工皂。

不飽和脂肪酸

　　有別於飽和脂肪酸，構成不飽和脂肪酸的結構不穩定（碳氫鏈上含有雙鍵），屬於液態。手工皂製作好時，能提升保濕度，但是泡沫不持久，硬度也比較軟，提高了酸敗率。

· 脂肪酸的種類及特徵 ·

分類	脂肪酸種類 （碳和氫的組成數量）	特徵	各油品含量
飽和 脂肪酸	月桂酸（c12：0）	發泡能力佳，洗淨力強，手工皂有硬度。	椰子油54% 棕櫚仁油44%
	肉豆蔻酸（c14：0）	發泡能力佳，能讓手工皂有硬度。	椰子油19% 棕櫚仁油14% 牛油6%
	棕櫚酸（c16：0）	棕櫚油中含有大量棕櫚酸，能製造綿密的泡沫，並提高泡沫的持續力。	棕櫚油44% 可可脂30% 牛油32% 米糠油23% 小麥胚芽油20%
	硬脂酸（c18：0）	油脂中含有大量硬脂酸，能讓手工皂有硬度。動物性油脂的溫和觸感尤佳。	乳油木果油40% 可可脂35% 芒果脂57% 牛油25%
不飽和 脂肪酸	油酸（c18：1）	提供泡沫穩定性，並具有護髮效果。橄欖油中富含油酸，屬於飽和脂肪酸的棕櫚油中也含有大量油酸。如果佔整體油品的30%，便能做出溫和的手工皂。	橄欖油69% 山茶花油77% 榛果油75% 酪梨油58%
	蓖麻油酸（c18：1）	是蓖麻油的主要成分，能提高泡沫的持續力，保濕效果也很優秀。	蓖麻油90%
	亞麻油酸（c18：2）	保濕度佳，能讓肌膚光滑無比。酸敗快速，打皂不易。	月見草油80% 葵花油70% 葡萄籽油68% 玫瑰果油46% 大麻籽油57%
	次亞麻油酸（c18：3）	性質跟亞麻油酸相似，保濕度佳，能讓肌膚變柔嫩。酸敗快速。	亞麻籽油50% 玫瑰果油31%

※ 油品的脂肪酸組成比例請參考附錄（p.228 ～ 229）。

認識添加物

以下介紹本書主要使用的添加物種類和特徵，並收錄韓國首見的天然粉末色號圖表。添加物是製皂時可以省略的材料，要製作完成度高的手工皂時會使用。

❖ 精油

精油是濃縮的植物成分，應定量使用，不建議在手工皂中添加高價位精油或混合太多種精油。確實掌握精油種類和特徵，再來製作理想的手工皂吧！

用量

根據手工皂的使用目的和喜好，調整精油用量，使用整體油量的 0.5 ～ 3% 最為恰當。敏感肌約 0.5%、潔顏約 1%、洗澡約 3%。

注意事項

- 精油會刺激肌膚或黏膜，因此不使用原液。
- 年長者、幼童、產婦或體質敏感的人對香氣可能會有敏感反應，使用時應多加留意。

限制使用對象

- 未滿 3 個月的嬰兒禁止使用。
- 幼童使用時需減量，可以使用薰衣草、乳香、橙花、苦橙葉、洋甘菊、柑橘等。
- 孕期不使用精油，特別要留意羅勒、雪松、鼠尾草、絲柏、茴香、茉莉、沒藥、薄荷、迷迭香、百里香等。

· 精油萃取部位的種類 ·

| 花 | 橙花、玫瑰、伊蘭伊蘭、茉莉 |

| 葉 | 檸檬草、尤加利、茶樹、馬丁香、廣霍香、苦橙葉 |

| 外皮 | 肉桂 |

| 樹 | 花梨木、檀香、雪松 |

| 根 | 岩蘭草、生薑 |

| 柑橘類外皮 | 萊姆、檸檬、柑橘、佛手柑、甜橙、紅柑 |

| 樹脂 | 沒藥、乳香 |

| 整體 | 薰衣草、迷迭香、天竺葵 |

· 精油調配方法 ·

香調	使用比例	特徵	種類
前調	25%	揮發性強，調配後最先聞到的香調	葡萄柚、萊姆、檸檬、檸檬草、柑橘、佛手柑、甜橙、綠薄荷、尤加利、紅柑、茶樹、苦橙葉、薄荷
中調	60%	柔和而溫暖，是香味的核心。香氣穩定，可維持2～3小時	橙花、薰衣草、迷迭香、山雞椒、天竺葵、生薑、洋甘菊、鼠尾草、馬丁香、茴香
後調	15%	具有能長時間維持香氣的作用	玫瑰、花梨木、沒藥、岩蘭草、安息香、雪松、檀香、伊蘭伊蘭、廣藿香、乳香

· 精油調配範例 ·

屬性	配方（以10ml為基準）
花香調	·甜橙8／伊蘭伊蘭2 ·甜橙6／馬丁香3／沒藥1 ·馬丁香4／玫瑰天竺葵4／乳香2 ·薰衣草3／玫瑰天竺葵3／馬丁香2／乳香2
柑橘香調	·佛手柑4／薰衣草6 ·佛手柑4／鼠尾草3／馬丁香3 ·甜橙4／薰衣草3／乳香2／廣藿香1
辛辣香調	·甜橙8／茴香2 ·柑橘6／生薑2／廣藿香1 ·甜橙4／佛手柑3／生薑2／廣藿香1
木質香調	·薰衣草6／花梨木4 ·花梨木6／雪松2／廣藿香1 ·薰衣草4／茶樹3／乳香1／廣藿香1
薄荷香調	·檸檬6／綠薄荷4 ·檸檬5／綠薄荷4／廣藿香1 ·薰衣草4／檸檬2／綠薄荷2／薄荷2

❖ 天然粉末

用作中藥材或面膜的粉末也經常用於手工皂中。使用天然粉末時，可以呈現出自然的色澤，但是受到粉末的種類、熱度、光線或鹼的影響，色澤也可能容易褪色或變色。顏色也會因製造方法或粉末的用量而有所差異。

天然手工皂調色

為天然手工皂調色時會使用天然粉末或手工皂專用色素。隨著近來設計手工皂蔚為風行，人們開始大量使用手工皂色素，不過敏感肌或患有異位性皮膚炎最好不要大量使用色素。

天然粉末色號圖表

有許多能為手工皂調色的天然粉末。當替肌膚帶來功效的天然粉末碰上氫氧化鈉時，粉末原來的色澤會明顯改變。製作並晾乾手工皂的期間，色澤會改變，因此為了瞭解製作手工皂前後的差異，我將色澤做成圖表（請見 p.41 ～ 46），希望讀者製作手工皂時能當作參考。色澤會依天然粉末添加量或購買網站而有所差異。

※ 天然粉末的比例是 100g 皂液添加 1g 天然粉末。

· 改善膚質的天然粉末種類 ·

乾燥肌　可可、燕麥、螺旋藻、綠球藻、海草、金盞花、白蓮草、番茄

異位性皮膚炎　馬齒莧、魚腥草、陳皮、彩椒、瓦松、黃柏、麥苗、扁柏、積雪草、刺果番荔枝、羊蹄葉、洋甘菊、枸橘

敏感肌　粉紅礦泥粉、高嶺土、海草、尿囊素、蒲公英

油性肌　薄荷、綠礦泥粉、備長炭、松花、栗皮、青黛、綠茶、黃土、電氣石、泥漿、膨潤土、火山泥黏土、高嶺土

痘痘肌　薄荷、火山泥黏土、柿子葉、魚腥草、三白草、備長炭、薑黃、綠豆、爐甘石

老化　啤酒酵母、綠茶、栗皮、南瓜、人蔘、辣木、諾麗果、當歸、榆白皮、菠菜、紅礦泥粉、黃礦泥粉、綠豆

美白　涼薯、玉容散、菟絲子、牽牛子、白僵蠶、甘草、花椰菜、菠菜、玉粉末、杏桃核仁、珍珠粉、米糠、紅豆、昆布

去角質、老廢物質　甘草、備長炭、薏仁、核桃殼、穀物、海草

· 天然粉末入皂後的色系表 ·

白色系　珍珠、白礦泥粉

米色系　米糠、杏桃核仁、人蔘、白僵蠶、薏仁、穀物、紅蘿蔔、甘草、膨潤土、高嶺土、玉容散、酵母

棕色系　可可、栗皮、魚腥草、三白草、諾麗果、刺果番荔枝、扁柏、綠茶、積雪草、番石榴、牽牛子、菟絲子、蒲公英

黃色系　湯之花溫泉粉、陳皮、梔子、南瓜、黃礦泥粉、柚子萃取粉、番茄

綠色系　螺旋藻、綠球藻、麥苗、艾草、綠礦泥粉、辣木

粉紅色系　粉紅礦泥粉、爐甘石、火山灰、蘇木

紅色系　紅礦泥粉、彩椒色素、茜草、胭脂蟲紅、草莓、蘇木、黃土

藍色系　青黛色素粉末、青黛（靛）、靛藍萃取粉

灰黑色系　備長炭、電氣石、泥漿、火山泥黏土

天然粉末色號圖表
白色系＆米色系

珍珠

燕麥

膨潤土

高嶺土

綠豆

米糠

白僵蠶

天然粉末色號圖表
米色系＆棕色系

膨潤土

米糠

人蔘

黃礦泥粉

菠菜

羊蹄葉

可可

天然粉末色號圖表
黃色系＆棕色系

湯之花溫泉粉

南瓜

番茄

枸橘

黃土

羊蹄葉

可可

梔子

麥苗

綠海草

綠球藻

艾草粉末

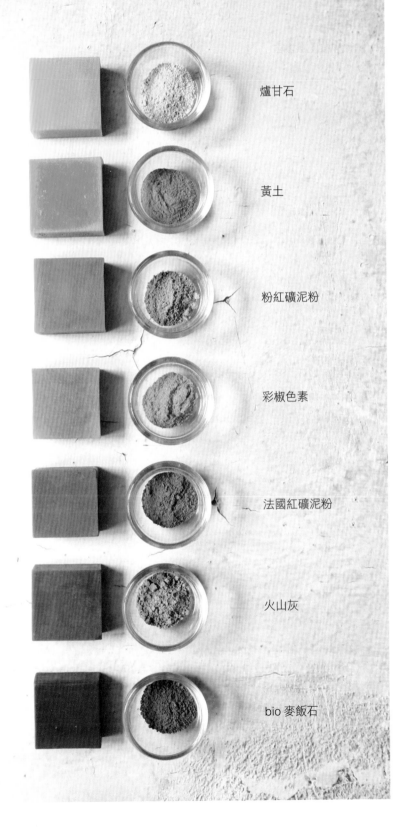

天然粉末色號圖表

粉紅色系＆紅色系

爐甘石

黃土

粉紅礦泥粉

彩椒色素

法國紅礦泥粉

火山灰

bio 麥飯石

青黛色素

青黛（靛）

靛藍萃取粉

備長炭

❖ 製造手工皂專用色素

　　手工皂中用來調色的氧化物在達到 Trace 狀態的油品中不易散開，這時只要
將氧化物或雲母做成液態再使用即可。

1 準備氧化鉻綠、青黛、
葵花油、磅秤、燒杯、
迷你攪拌機、矽膠勺
和盛裝色素的容器。

2 在 100g 基底油中添加
30g 青黛色素粉末。

3 用手持攪拌器均勻攪
拌色素原料。

4 添加維他命 E。

5 裝瓶即完成。

手工皂組成配方

這是製作天然手工皂時最困難也是最重要的階段。掌握各種油品的特性後,再選擇理想條件的油品以組成配方,就能製作出充滿個人風格的獨特手工皂。

❖ 組成配方

接下來要跟大家分享我在設計手工皂配方時,以哪些準則決定油脂比例與親膚材料。只要了解以下原則,手工皂組成配方就再也難不倒你了!

1. 依使用者的膚質決定手工皂的性質

依照乾性肌、敏感肌、痘痘肌等膚質,以及異位性皮膚炎或老化等特殊煩惱,決定要製作怎樣的手工皂。

2. 決定油脂總重量

本書的手工皂配方是以每 1kg 的手工皂配上 750 ～ 800g 的基底油為基準所調配而成。如果將油脂總重量訂為 800g 來製作手工皂,能做出 9 個每個約重 100g 的手工皂。

3. 決定椰子油、棕櫚油的用量

膚質	椰子油用量	棕櫚油用量	椰子油和棕櫚油比例
乾性	150g、過於乾燥的情況下 100 ～ 130g	150g	40%（750g 中的 300g）
中性	160 ～ 170g	160 ～ 180g	47%（750g 中的 350g）
油性、痘痘肌	180 ～ 220g	180 ～ 220g	52%（750g 中的 400g）

Tip 如果因為椰子油和棕櫚油的用量太少，以致手工皂硬度偏低，只要調配時添加乳油木果油就能補救。

4. 選擇椰子油、棕櫚油以外的基底油。

根據手工皂的性質選擇 3 ～ 4 種油品後，再決定用量。如果瞭解脂肪酸，決定油脂用量會更得心應手。我將基底油用量整理在下一頁。

5. 決定氫氧化鈉的用量。

決定好各種油品的用量後，再來決定氫氧化納的用量。通常會減鹼 3 ～ 5%，並根據周遭環境、季節、添加的液體和添加物的用量，調整減鹼的多寡。

Tip 市售的氫氧化鈉純度多為 98%，不用減鹼也無妨。本書根據添加的液態色素的用量，減鹼 0 ～ 3%。

6. 決定純淨水的用量

通常會使用純淨水、蒸餾水、純露、山羊奶或米酒等，作為溶解氫氧化鈉所使用的水相。使用純淨水以外的水相時，如果選擇跟手工皂特性相符的水相，便能達到綜效的效果。可以分別使用純淨水或其它水相，也可以和純淨水混合後再使用。

· 配方參考油脂用量 ·

乾性肌 椰子油 150g ／棕櫚油 150g ／橄欖油 280g ／葵花油 100g ／蓖麻油 20g ／乳油木果油 50g

異位性皮膚炎 椰子油 150g ／棕櫚油 150g ／橄欖油 250g ／月見草油 70g ／山茶花油 50g ／葡萄籽油 50g ／蓖麻油 30g

敏感肌 椰子油 160g ／棕櫚油 160g ／橄欖油 200g ／酪梨油 100g ／杏桃核仁油 80g ／荷荷芭油 50g

痘痘肌 椰子油 180g ／棕櫚油 190g ／橄欖油 180g ／葵花油 100g ／綠茶籽油 80g ／蓖麻油 20g

老化彈力 椰子油 160g ／棕櫚油 160g ／橄欖油 200g ／綠茶籽油 80g ／澳洲胡桃油 50g ／酪梨油 50g ／葡萄籽油 50g

卸妝潔面 椰子油 180g ／棕櫚油 180g ／橄欖油 120g ／米糠油 120g ／甜杏仁油 80g ／杏桃核仁油 70g

頭皮（洗髮皂） 椰子油 190g ／棕櫚油 200g ／橄欖油 120g ／酪梨油 60g ／山茶花油 80g ／綠茶籽油 60g ／蓖麻油 40g

※ 油脂總重量以 750g 為基準

一般來說，會使用基底油總重量 30 ～ 33% 的水相，但是有時也會根據手工皂的硬度，調整水相的比例，並決定用量。製作橄欖油皂時，水相訂為 28%。

Tip 若為乾性專用手工皂，會放少於 150 ～ 160g 的椰子油、棕櫚油，所以手工皂可能會變軟，因此純淨水的用量訂為 28%。

7. 決定添加物的用量

決定合乎手工皂特性的天然粉末種類和功能性粉末，粉末訂為手工皂總重量的 1 ～ 2%。如果粉末用量變多，粉末的粒子不僅會導致手工皂變得粗糙，而且也不容易起泡。在設計手工皂這一環中，決定粉末時會選擇適合手工皂特徵和色澤的粉末或使用色素。若為礦泥粉，用量訂為 10g 以下。

8. 決定精油的用量

使用精油是為了添加香氣在手工皂中。在手工皂中的使用比例介於 0.5 ～ 3%，添加大量精油並不代表香味會持續比較久。根據如何混合及使用相互協調的香氣，便能提升香氣的持久力。混合 2 ～ 3 種香氣後再使用，創造出專屬自己的獨特香味也是好辦法。

❖ 各油品皂化價

皂化價是指以 g 來標記 1g 油脂做成手工皂所需的氫氧化鈉或氫氧化鉀的用量。本書處理的是 CP 手工皂，所以只將氫氧化鈉的皂化價圖表化。

Tip）只要利用手工皂計算機 app，就能輕鬆算出全部油脂的氫氧化鈉皂化價。在手機內下載「手工皂計算機」後使用即可。

✏️ 手工皂小教室

如何計算皂化價

油脂用量 × 皂化價＝氫氧化鈉用量

例）橄欖油的氫氧化鈉皂化價是 0.134，意即用 100g 橄欖油製作手工皂所需的氫氧化鈉用量是 100g 橄欖油 ×0.134（橄欖油的皂化價）＝ 13.4g（氫氧化鈉的用量）

※ 不同的油品氫氧化納皂化價請參考附錄（p.227）。

製皂時的注意事項

1. 可能會沾到氫氧化鈉或皂液，因此請穿戴圍裙、手套、口罩等安全裝備。

2. 檢查電子秤的計算單位，計算正確用量。

3. 使用耐熱玻璃、不鏽鋼或耐熱塑膠材質的工具或容器來溶解氫氧化鈉。

4. 必須將氫氧化鈉放入純淨水中溶解。如果顛倒過來（將純淨水加入氫氧化鈉中），會因沸騰湧出或產生煙霧而發生危險。

5. 使用電磁爐等加熱工具時應避免燙傷。

6. 加熱油品時溫度可能會飆高，因此請在旁邊顧著。

7. 攪拌皂液時，應小心別讓皂液濺出來，也別過度使用手持攪拌器，可用矽膠勺反覆攪拌，慢慢達到 Trace。

8. 如果皂液太涼會不易皂化，請隨時檢查剩下的皂液溫度。

9. 清洗手持攪拌器時請檢查電源是否關掉了。

10. 用報紙或衛生紙擦拭沾到皂液的工具後，再用清水清洗，並妥善晾乾。

11. 為了讓皂化順利進行，可蓋上毯子或放入保溫箱內，維持一定溫度。

12. 切皂或修皂時也務必戴上手套。

13. 在沒有光線照射、陰涼且沒有濕氣的地方晾皂。

14. 晾皂 4 ～ 8 週後，用 pH 值測試紙測試後再使用手工皂。

15. 用宣紙包裝或放入除濕劑再密封，並保存於陰涼處。手工皂使用期限是 1 年，如果保存得好，放愈久的手工皂不僅愈容易起泡，也愈溫和。

製作基本款手工皂

溶解氫氧化鈉的方法和打皂階段是我們所熟知的製皂基本方法。接著來瞭解用基本基底油和精油等基本材料所製作的單色手工皂。跟製作設計款手工皂的製作方法雷同，只要熟悉基本製作流程，將有助於製作下一個流程的手工皂。

❖ 準備作業

1. 決定要製作的手工皂圖案和配方。

2. 準備製作時要使用的材料和工具。

3. 確認作業空間是否通風良好。

4. 處理氫氧化鈉時，務必穿戴圍裙、手套或口罩等安全裝備。

5. 事先測量好添加物或精油的用量。由於精油的香氣具有揮發性，因此準備時請加蓋或蓋上保鮮膜。

6. 事先融化椰子油、棕櫚油等固態油脂。

7. 準備保溫時要使用的毯子或保溫箱。

8. 帶著愉快的心情。

❖ 製作氫氧化鈉水溶液

1 磅秤上備好測量氫氧化鈉的燒杯。

2 測量指定用量的氫氧化鈉。

3 在另一個燒杯中測量純淨水的用量。

4 將氫氧化鈉倒入純淨水中。

Tip 務必將氫氧化鈉倒入純淨水中。

5 用不鏽鋼勺（藥匙）攪拌，讓氫氧化鈉確實溶解。

Tip 溶解的氫氧化鈉溫度會升高，可裝些冷水，以隔水冷卻的方式降溫。

❖ 製皂

1 在不鏽鋼杯內測量椰子油、棕櫚油。

2 加熱融化椰子油、棕櫚油。

Tip 溫度介於 65 ～ 70℃的狀態下椰子油、棕櫚油完全融化後，測量剩下的油脂，並讓油脂降至 40 ～ 45℃可以攪拌的溫度。

3 測量 2 剩下的基底油後再攪拌。

4 氫氧化鈉水溶液和油脂溫度降至40 ～ 45℃。

5 氫氧化鈉水溶液過篩加入油脂中。

6 用矽膠勺均勻攪拌。

7 加入精油均勻攪拌。

8 輪流使用手持攪拌器和矽膠勺反覆攪拌，達成三階段的 Trace。

9 將皂液倒入準備好的模具中。

 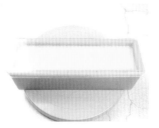 

10 搖晃模具，讓皂液上端變平坦。

11 蓋上模具的蓋子或覆蓋保鮮膜。

12 放入保溫箱中保溫 24 小時。

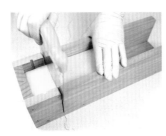

13 從模具中取出手工皂，再切成理想大小。

❖ Trace 階段

　　皂液滴落時所呈現的痕跡稱為「Trace」。在設計手工皂的環節中，對上時間是很重要的事。製作手工皂時只要能掌握 Trace 階段，就能做出光滑的手工皂。

Trace 第一階段
皂液從上方（0.5cm）滴落時，產生細細的線條又馬上消失。

Trace 第二階段
皂液從上方（5cm）滴落時，產生清晰可見的線條。

Trace 第三階段
皂液從上方（5cm）滴落時，產生清晰可見的粗線條。

❖ 脫模

1 保溫好後，取出模具。

(Tip) 如果尚有餘溫，在冷卻之前請不打開模具的蓋子。如果溫度差異太大，可能會生成碳酸鈉。

2 將模具和皂體分開。

(Tip) 如果皂體黏在模具上分不開，可在室溫下再靜置一會兒。

3 將模具顛倒過來，再輕壓底部取出皂體。

❖ 切皂方向

皂體的紋路會根據切皂方向而改變，因此請依照花樣沿著理想方向切皂。

1. 縱切

縱向切皂，從模具中取出皂體後，讓上端朝上再切割。

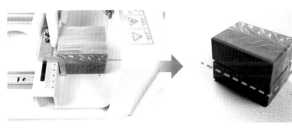

2. 橫切

橫向切皂，從模具中取出皂體後，讓上端朝向側面後再切割。

Part

2

簡約風造型手工皂

試著親手製作適合自己膚質的手工皂。不含人工成分，能減少刺激，愈用愈能感受到皮膚愈來愈健康。本章節整理出製皂最基本的款式，一起跟著做做看，進入設計手工皂的世界。

乾性肌　嬰幼兒　異位性皮膚炎

保濕橄欖油皂 ｜ 單色技巧

╬

含有大量橄欖油（含 72%），保濕效果佳，

適用於過度乾燥或嬰幼兒的肌膚。

如果使用特級初榨橄欖油，

便能製作出帶有油品本身獨特色澤的單色皂。

材料

基底油　　　共 750g
椰子油⋯⋯⋯⋯⋯⋯ 110g
棕櫚油⋯⋯⋯⋯⋯⋯ 100g
橄欖油（特級初榨）⋯540g

精油
薰衣草精油⋯⋯⋯⋯⋯10ml

氫氧化鈉水溶液
氫氧化鈉⋯⋯⋯⋯⋯⋯ 107g
洋甘菊蒸餾水
⋯⋯⋯⋯⋯⋯210g（28%）

影片示範
保濕橄欖油皂

💧 製作皂液

1 先將椰子油、棕櫚油放入燒杯中，用 65℃ 完全融化後，再放入剩下的基底油材料攪拌均勻。

2 將氫氧化鈉放入洋甘菊蒸餾水中，攪拌至完全溶解後，待鹼水降到 40～45℃，再過篩加入基底油 1 中並攪拌均勻。

3 放入所有精油並攪拌均勻，皂液就完成了。

[Tip] 高溫狀態下加入精油的話，香氣會馬上散掉，因此待皂液降到 40℃ 以下的低溫時再添加精油。

🧈 混合添加物再入模

4 使用手持攪拌器，分次攪拌完成的皂液。

[Tip] 如果長時間使用手持攪拌器沒有中斷，完成的皂體便容易產生甘油，也就是說，手工皂表面會留下裂痕，難以做出光滑的手工皂。

5 用矽膠勺攪拌均勻。重複步驟 4～5，達成 Trace 狀態。

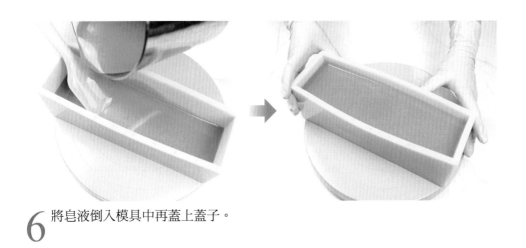

6 將皂液倒入模具中再蓋上蓋子。

✉ 保溫

7 用毛巾包起模具，放入保溫箱中，
　保溫 24 小時。

⬭ 成皂

8 從模具中取出，橫切成理想大小。

黑白備長炭雙層皂 | 直線分層技巧

+

備長炭兼具清除肌膚油脂和殺菌的功效，能讓肌膚變得透亮又乾淨。

只要好好運用備長炭，就能做出黑白雙層的手工皂。

這是設計手工皂最基礎的技巧之一，

為了做出乾淨俐落的層次，應謹慎留意 Trace 的程度。

材料

基底油　　　　　共 650g
椰子油·················· 150g
棕櫚油·················· 160g
橄欖油·················· 240g
玉米油·················· 100g

精油　　　　　　共 15ml
薰衣草精油·············· 8ml
綠薄荷油 ··············· 5ml
檸檬油··················· 2ml

氫氧化鈉水溶液
氫氧化鈉
··············94g（3% 減鹼）
鹽膚木蒸餾水
··············195g（30%）

皂液分配
黑色皂液 ············450ml
添加物→備長炭粉末···· 2g

白色皂液 ············450ml
添加物→二氧化鈦（液態）
······························少量

💧 製作皂液

1 先將椰子油、棕櫚油放入燒杯中，用 65℃ 完全融化後，再放入剩下的基底油材料攪拌均勻。

2 將氫氧化鈉放入鹽膚木蒸餾水中，攪拌至完全溶解後，待鹼水降到 40～45℃，再過篩加入基底油 **1** 中並攪拌均勻。

3 放入所有精油並攪拌均勻，皂液就完成了。

Tip 高溫狀態下加入精油的話，香氣會馬上散掉，因此待皂液降到 40℃ 以下的低溫時再添加精油。

🧺 混合添加物再入模

4 將完成的皂液 **3** 依固定份量分配後，再分別放入添加物，調出黑色、白色皂液。

5 黑色皂液達成 Trace 第三階段，再倒入模具中。搖晃模具，讓皂液上端變平坦。

Tip 如果事先完成 Trace 過程，皂液會馬上凝固，因此請在入模之前進行 Trace。

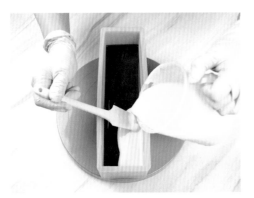

6 待黑色皂液稍微凝固後，將達成 Trace 第二階段的白色皂液倒入黑色皂液的上方。利用矽膠勺沿著模具角落倒下去，平坦的層次就完成了。

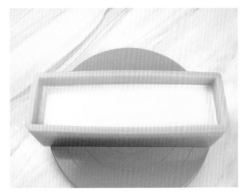

7 蓋上模具的蓋子或覆蓋保鮮膜。

🗉 保溫

8 用毛巾包起模具，放入保溫箱中，保溫 24 小時。

🖾 成皂

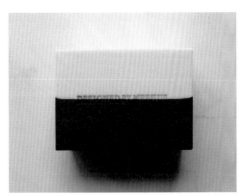

9 從模具中取出，縱切成理想大小。

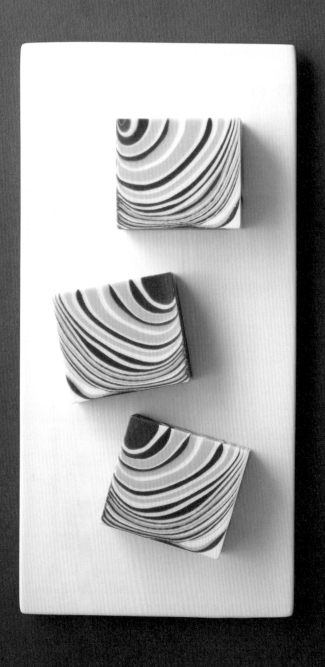
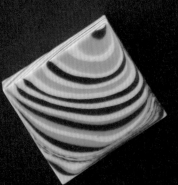

魚腥草青黛皂 ｜ 曲線分層技巧

✤

青黛和魚腥草粉末對於鎮定粉刺或痘痘等肌膚問題有顯著效果。

這次利用粉末各自具備的色澤，

製作成有如斑馬身上條紋的手工皂款式。

材料

基底油　　　　共 **800g**
椰子油………………… 170g
棕櫚油………………… 180g
澳洲胡桃油…………… 70g
杏桃核仁油…………… 120g
橄欖油………………… 180g
葵花油………………… 80g

精油　　　　共 **15ml**
薰衣草精油……………8ml
花梨木精油 ……………7ml

氫氧化鈉水溶液
氫氧化鈉 ……………… 118g
鹽膚木蒸餾水
…………240g（30%）

皂液分配
白色皂液 …………500ml
二氧化鈦（液態）… 少量
淺藍色皂液…………300ml
添加物→
青黛色素（液態）… 少量
二氧化鈦（液態）… 少量
棕色皂液 …………300ml
添加物→
魚腥草粉 ………………2g
可可粉 …………………1g
備長炭粉末…………… 少量

影片示範
魚腥草青黛皂

💧 製作皂液

1 先將椰子油、棕櫚油放入燒杯中，用 65℃ 完全融化後，再放入剩下的基底油材料攪拌均勻。

2 將氫氧化鈉放入鹽膚木蒸餾水中，攪拌至完全溶解後，待鹼水降到 40 ～ 45℃，再過篩加入基底油 1 中並攪拌均勻。

3 放入所有精油並攪拌均勻，皂液就完成了。

Tip 高溫狀態下加入精油的話，香氣會馬上散掉，因此待皂液降到 40℃ 以下的低溫時再添加精油。

🧼 混合添加物再入模

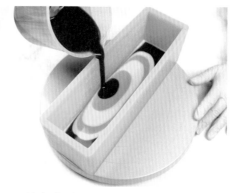

4 將完成的皂液 3 依固定份量分配後，再分別放入添加物，調出白色、藍色、棕色皂液。

5 所有皂液達成 Trace 第一階段後，不分顏色的順序，從模具的中央沿著邊緣讓皂液一點一滴流入其中。

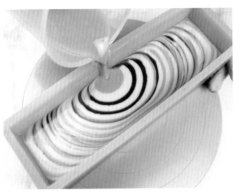

6 反覆倒入皂液直到填滿模具。

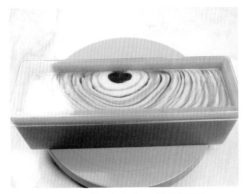

7 蓋上模具的蓋子或覆蓋保鮮膜。

✉ 保溫

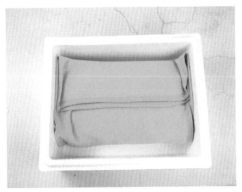

8 用毛巾包起模具，放入保溫箱中，保溫 24 小時。

◯ 成皂

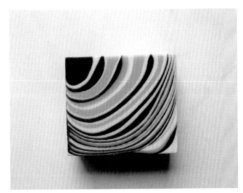

9 從模具中取出，縱切成理想大小。

寶寶抗敏皂 ｜ 表面裝飾技巧

✚

這次試著用爐甘石粉末製作，

能為汗疹、痘痘或蕁麻疹所引起的搔癢感帶來鎮靜效果的手工皂，

並將天然材料原有色澤保留其中。也許有人會覺得單色略為單調無趣，

所以我在表面做了一些花樣點綴。

材 料

基底油　　　　共 750g
椰子油·················· 140g
棕櫚油·················· 150g
乳油木果油············ 40g
酪梨油·················· 120g
橄欖油·················· 200g
玉米油·················· 100g

精油　　　　共 15ml
柑橘精油 ················5ml

氫氧化鈉水溶液
氫氧化鈉 ················ 109g
鹽膚木蒸餾水
·············210g（28％）

添加物
爐甘石粉末················ 5g
二氧化鈦（液態）···· 少量

影片示範
表面裝飾技巧

75

◎ 事前準備

爐甘石粉末不易溶於油脂中，因此請事先將5g
的爐甘石粉末加進5g的鹽膚木蒸餾水中拌勻。

◇ 製作皂液

1 先將椰子油、棕櫚油、乳油木果油
放入燒杯中，用65℃完全融化後，
再放入剩下的基底油材料並攪拌均勻。

2 將氫氧化鈉放入鹽膚木蒸餾水
中，攪拌至完全溶解後，待鹼
水降到40～45℃，再過篩加入基
底油1中並攪拌均勻。

3 放入所有精油並攪拌均勻，皂
液就完成了。

Tip 高溫狀態下加入精油的話，香
氣會馬上散掉，因此待皂液降到
40℃以下的低溫時再添加精油。

混合添加物再入模

4 將準備好的「爐甘石粉末＋鹽膚木蒸餾水」放入完成的皂液 3 中，再用打蛋器攪拌均勻。接著放入少量二氧化鈦，消除油脂的透明度。

5 用手持攪拌器分次攪拌，再用矽膠勺反覆攪拌的步驟，達成 Trace 第三階段。

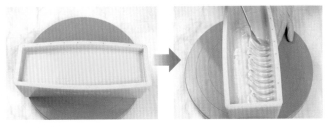

6 將皂液全部倒入模具中，待皂液稍微凝固後，在上端做裝飾。

Tip 如果皂液太慢凝固，請放入保溫箱中保溫。

保溫

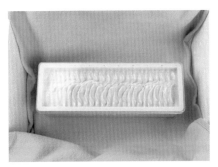

7 蓋上模具的蓋子，或覆蓋保鮮膜，保溫 24 小時。

成皂

8 從模具中取出，縱切成理想大小。

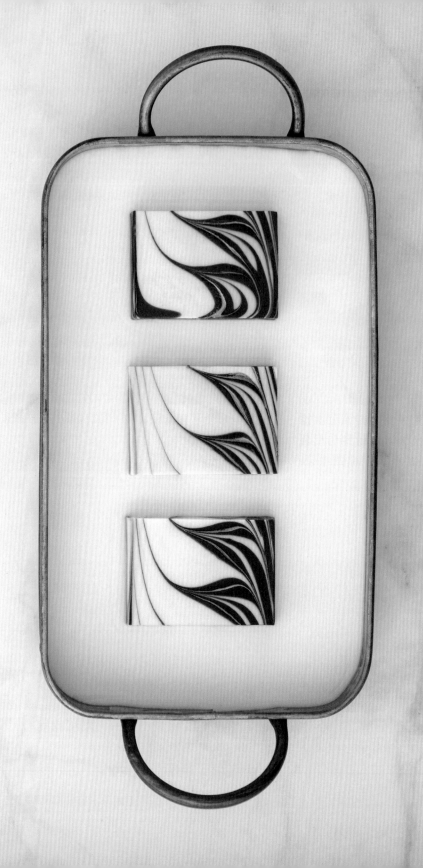

金箔備長炭皂 | 表面彩繪技巧

✛

這是利用具有皮膚殺菌功能的備長炭粉所製成的手工皂。

在兩種主色（黑色、白色）的皂液上添加金色裝飾，

讓皂體更華麗，有畫龍點睛的效果。

表面彩繪技巧會根據手的動作而呈現出豐富的圖案。

材料

基底油　　　　共 750g
椰子油⋯⋯⋯⋯⋯⋯ 180g
棕櫚油⋯⋯⋯⋯⋯⋯ 180g
橄欖油⋯⋯⋯⋯⋯⋯ 250g
蓖麻油⋯⋯⋯⋯⋯⋯ 20g
葵花油⋯⋯⋯⋯⋯⋯ 120g

精油　　　　共 15ml
迷迭香精油⋯⋯⋯⋯⋯6ml
薄荷精油⋯⋯⋯⋯⋯⋯6ml
雪松精油⋯⋯⋯⋯⋯⋯3ml

氫氧化鈉水溶液
氫氧化鈉⋯⋯⋯⋯⋯ 112g
魚腥草蒸餾水
⋯⋯⋯⋯⋯240g（30%）

其它材料
金箔（液態）⋯⋯⋯ 少量

皂液分配
黑色皂液⋯⋯⋯⋯400ml
添加物→備長炭粉末⋯ 2g
白色皂液⋯⋯⋯⋯700ml
添加物→二氧化鈦（液態）
⋯⋯⋯⋯⋯⋯⋯⋯ 少量

影片示範
金箔備長炭皂

💧 製作皂液

1 先將椰子、棕櫚油放入燒杯中，用65℃完全融化後，再放入剩下的基底油材料攪拌均勻。

2 將氫氧化鈉放入魚腥草蒸餾水中，攪拌至完全溶解後，待鹼水降到40～45℃，再過篩加入基底油1中並攪拌均勻。

3 放入所有精油並攪拌均勻，皂液就完成了。

Tip 高溫狀態下加入精油的話，香氣會馬上散掉，因此待皂液降到40℃以下的低溫時再添加精油。

🧺 混合添加物再入模

4 將完成的皂液3依固定份量分配後，再分別放入添加物，調出黑色、白色皂液。

5 所有皂液達成Trace第一階段後，同時在模具兩側對半倒入黑色、白色皂液。

6 待皂液裝到模具的一半後，在黑色皂液上方倒下細長的白色皂液，並在旁邊再次倒入細長的金箔液體。

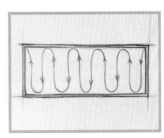

攪拌棒移動路線

7 用相同方法將剩下的黑色、白色皂液對半倒入模具中，直到裝滿模具的上端。

8 待模具裝滿後，在黑色皂液上再進行一次步驟 6。

9 插下細長的棒子，碰到底部後左右移動勾勒出線條。

Tip 皂體會根據線條的傾斜度或距離而呈現出不同的感覺。

10 沿模具邊緣移動攪拌棒 3 ～ 4 次。

11 蓋上模具的蓋子或覆蓋保鮮膜。

📧 **保溫**

⭕ **成皂**

12 用毛巾包起模具，放入保溫箱中，保溫 24 小時。

13 從模具中取出，橫切成理想大小。

大理石備長炭皂 ｜ 大理石紋技巧

✛

我將大理石的花紋重現在香皂上，
由看似透明的清澈表面和自然裂開的修長線條所構成，
營造出高級的風格，放在裝潢單純的浴室內會非常漂亮。

材料

基底油　　　　　共 **800g**
椰子油·················· 180g
棕櫚油·················· 180g
澳洲胡桃油············· 70g
橄欖油·················· 250g
玉米油·················· 120g

精油　　　　　　共 **15ml**
檸檬精油···············8ml
綠薄荷精油·············5ml
廣藿香精油·············2ml

氫氧化鈉水溶液
氫氧化鈉 ··············· 119g
鹽膚木蒸餾水
················240g（30％）

皂液分配
淺白色皂液···········350ml
添加物→二氧化鈦（液態）
······························ 少量

深白色皂液···········700ml
添加物→二氧化鈦（液態）
······························ 少量

黑色皂液················50ml
添加物→備長炭 ······· 少量

💧 製作皂液

1 先將椰子油、棕櫚油放入燒杯中,用 65℃ 完全融化後,放入剩下的基底油材料攪拌均勻。

2 將氫氧化鈉放入鹽膚木蒸餾水中,攪拌至完全溶解後,待鹼水降到 40～45℃,再過篩加入基底油 1 中並攪拌均勻。

3 放入所有精油並攪拌均勻,皂液就完成了。

Tip 高溫狀態下加入精油的話,香氣會馬上散掉,因此待皂液降到 40℃ 以下的低溫時再添加精油。

🧼 混合添加物再入模

4 將完成的皂液 3 依固定份量分配後,再分別放入添加物,調出淺白色、深白色、黑色皂液。

5 所有皂液達成 Trace 第一階段。

6 將淺白色皂液倒入新的燒杯中。

7 在淺白色皂液上方分次倒入深白色皂液。

8 用矽膠勺舀出黑色皂液，再畫上細線。

9 將皂液倒入模具中。

Tip 沿直線方向倒入皂液，更能呈現大理石的感覺。

  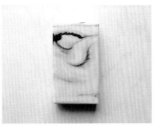

10 重複步驟 6 ～ 9，將模具填滿。

✉ **保溫**　◎ **成皂**

11 蓋上模具的蓋子或覆蓋保鮮膜。

12 用毛巾包起模具，放入保溫箱中保溫 24 小時。

13 從模具中取出，橫切成理想大小。

蓋皂章的技巧

為製作好的手工皂蓋上製造日期，推算有效期限就相當便利，還能用各種花樣的印章裝飾手工皂。

準備手工皂、日期章、皂章和酒精。

將酒精噴在日期章上。

均勻施力將印章蓋在手工皂側面。

將酒精噴在手工皂上。

均勻施力將印章蓋在手工皂正面。

完成！

美白杏桃核皂 │ 磨石子（Terrazzo）技巧

✛

杏桃核不但具有去除角質的效果，對於肌膚保濕和營養補充也有顯著的功效，

還能有效除斑及美白。收集皂塊，再利用磨石子技巧製作設計款手工皂。

磨石子是建築用語，意指「將石塊放入水泥中即完工」，

而我則是收集皂塊，再製作成新的手工皂。

材料

基底油　　　　共 800g
椰子油……………… 180g
棕櫚油……………… 170g
米糠油……………… 70g
杏桃核仁油………… 150g
甜杏仁油…………… 120g
蓖麻油……………… 30g
葵花油……………… 80g

精油　　　　共 16ml
甜橙精油……………8ml
乳香精油……………5ml
伊蘭伊蘭精油………3ml

氫氧化鈉水溶液
氫氧化鈉 …………… 118g
絲瓜蒸餾水
……………240g（30%）

添加物
有機硫 ……………… 5g
杏桃核粉末 ………… 2g
米糠粉末 …………… 1g
二氧化鈦（液態）… 少量

其它材料
3 種黑色系皂片……各 50g

皂液分配
淺灰色皂片皂液 …… 100ml
灰色皂片皂液……… 100ml
黑色皂片皂液……… 150ml

◎ 事前準備

將有機硫放入 30g 的絲瓜蒸餾水中使之溶解。

💧 製作皂液

1 先將椰子油、棕櫚油放入燒杯中，用 65℃ 完全融化後，再放入剩下的基底油材料攪拌均勻。

2 將氫氧化鈉放入絲瓜蒸餾水中，攪拌至完全溶解後，待鹼水降到 40 ～ 45℃，再跟準備好的「絲瓜蒸餾水＋有機硫」一起過篩加入基底油 1 中並攪拌均勻。

3 放入所有精油並攪拌均勻，皂液就完成了。

Tip 高溫狀態下加入精油的話，香氣會馬上散掉，因此待皂液降到 40℃ 以下的低溫時再添加精油。

🧺 混合添加物再入模

4 將杏桃核粉末、米糠粉末放入皂液中，並用打蛋器打散。

5 放入少量的二氧化鈦，做成白色皂液。

6 用手持攪拌棒分次攪拌後，再用矽膠勺攪拌均勻。重複相同步驟，直到達成明顯的 Trace 第一階段。

7 將固定份量的皂液分
裝在三個燒杯中。

8 將剩下的皂液先倒入模具中。

9 將淺灰色皂片放入 100ml 的皂液中攪拌均勻。

10 沿著模具右邊壁面倒下去。

11 採用步驟 9 ～ 10 的方法製作灰色、黑色皂片,再倒入模具中。

[Tip] 先將加了皂片的皂液倒在右邊後,再均勻地撥到表面上。

12 蓋上模具的蓋子或覆蓋保鮮膜。

📧 **保溫**　　　　　　🔘 **成皂**

13 用毛巾包起模具,放入保溫箱中,保溫 24 小時。

14 從模具中取出,縱切成理想大小。

羽毛麥苗皂 ｜ 羽毛紋路技巧

✢

麥苗含有的維他命、葉綠素有助肌膚再生，

會讓傷痕處像翠綠的麥苗一樣長出新肉。在基礎手工皂上畫出葉子紋路，

將手工皂點綴一番。這次要學的技巧類似鳥類的羽毛，因此稱為羽毛紋路，

也因使用衣架或彎曲的鐵絲做出紋路，又稱為衣架（hanger）紋。

材料

基底油　　　共 **750g**
椰子油……………… 140g
棕櫚油……………… 160g
山茶花油…………… 180g
澳洲胡桃油………… 80g
乳油木果油………… 50g
玉米油……………… 140g

精油　　　共 **15ml**
薰衣草精油…………10ml
花梨木精油…………5ml

氫氧化鈉水溶液
氫氧化鈉…………… 110g
洋甘菊蒸餾水
……………210g（28%）

添加物
有機硫 ………………… 5g

其它工具
鐵絲

皂液分配
白色皂液 ……………900ml
添加物→二氧化鈦（液態）
……………………… 少量
草綠色皂液………150ml
添加物→麥苗粉末 … 1g
氧化鉻綠（液態）… 少量

影片示範
羽毛麥苗皂

◎ 事前準備

取 30g 的洋甘菊蒸餾水使有機硫溶解。

◁ 製作皂液

1 先將椰子油、棕櫚油、乳油木果油放入燒杯中，用 65℃ 完全融化後，再放入剩下的基底油材料並攪拌均勻。

2 將氫氧化鈉放入洋甘菊蒸餾水中，攪拌至完全溶解後，待鹼水降到 40 ～ 45℃，再跟準備好的「洋甘菊蒸餾水＋有機硫」一起過篩加入基底油 1 中並攪拌均勻。

3 放入所有精油並攪拌均勻，皂液就完成了。

Tip 高溫狀態下加入精油的話，香氣會馬上散掉，因此待皂液降到 40℃ 以下的低溫時再添加精油。

混合添加物再入模

4 將完成的皂液 3 依固定份量分配後，再分別放入添加物，調出白色、草綠色皂液。

5 所有皂液達成 Trace 第一階段。

6 將 2/3 的白色皂液倒入模具中後，取少許草綠色皂液到紙杯中，再添加少量氧化鉻綠（液態）。

7 將草綠色皂液倒在左側，並倒得又細又長。

Tip 取草綠色皂液到紙杯中，並調深一點。使用紙杯可以倒出細長的皂液，十分方便。

8 取白色皂液到紙杯，再將細長的白色皂液倒在草綠色皂液中央。

9 重複步驟 7 ～ 8 數次。

鐵絲移動路線

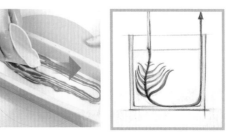

10 將鐵絲放在線中央，待鐵絲降到底部後，再沿著模具的壁面取出來。

11 將剩下的白色皂液
全部倒入。

12 在表面倒下細長
的草綠色皂液。

13 在草綠色線條上方插進細長的棒子至 0.5cm 深，
再畫出緞帶形狀的曲線。

14 蓋上模具的蓋子
或覆蓋保鮮膜。

Tip 如果細長的棒子碰到底部，花紋會因為上下皂液混
在一起而影響美觀。

保溫

成皂

15 用毛巾包起模具，放入保
溫箱中，保溫 24 小時。

16 從模具中取出，縱切成理
想大小。

收斂毛孔辣木皂 ｜ 水滴技巧

✛

辣木和栗皮粉末有收斂功效，能收縮被撐大的毛孔。

這款手工皂使用水滴技巧，皂面有如水滴落下的樣子，

為肌膚帶來活力。

材料

基底油　　　　　共 750g
椰子油······················· 170g
棕櫚油······················· 180g
綠茶籽油·················· 120g
杏桃核仁油············· 140g
葡萄籽油····················· 50g
榛果油······················· 100g

精油　　　　　　共 20ml
薰衣草精油··············10ml
乳香精油 ···················5ml
馬丁香精油················5ml

氫氧化鈉水溶液
氫氧化鈉················· 112g
絲瓜蒸餾水
·····················210g（28%）

皂液分配
淺綠色皂液············700ml
添加物→辣木粉末 ······· 3g
二氧化鈦（液態）··· 少量

棕色皂液 ···············200ml
添加物→栗皮粉末 ······· 3g
氧化鉻綠（液態）··· 少量
備長炭粉末············· 少量

白色皂液 ···············200ml
添加物→二氧化鈦(液態)
···································· 少量

影片示範

收斂毛孔辣木皂

💧 製作皂液

1 先將椰子油、棕櫚油放入燒杯中，用 65℃完全融化後，再放入剩下的基底油材料攪拌均勻。

2 將氫氧化鈉放入絲瓜蒸餾水中，攪拌至完全溶解後，待鹼水降到 40～45℃，再過篩加入基底油 1 中並攪拌均勻。

3 放入所有精油並攪拌均勻，皂液就完成了。

Tip 高溫狀態下加入精油的話，香氣會馬上散掉，因此待皂液降到 40℃以下的低溫時再添加精油。

🧴 混合添加物再入模

4 將完成的皂液 3 依固定份量分配後，再分別放入添加物，調出淺綠色、棕色、白色皂液。

5 所有皂液達成 Trace 第二階段，先將淺綠色皂液倒入模具中。

6 將棕色皂液直直地一條一條倒下去。

Tip 從模具上方 10cm 的高度倒下皂液，並根據皂液的濃度和量來調整高度。如果皂液太稀，降低高度；如果皂液太稠，調高高度。

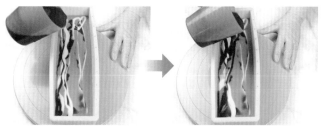

7 將白色皂液直直地一條一條倒下去。

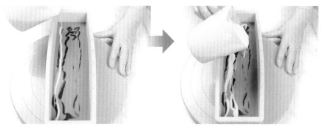

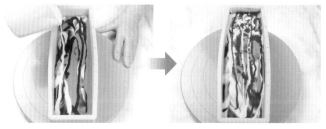

8 重複步驟 6 ～ 7。

Tip 只要調整倒的高度，就能改變紋路的高低。

9 待皂液稍微凝固後，用湯匙在上端做裝飾。

[Tip] 如果皂液太慢凝固，請放入保溫箱中保溫。

10 蓋上模具的蓋子或覆蓋保鮮膜。

🖂 **保溫**　　　　　◎ **成皂**

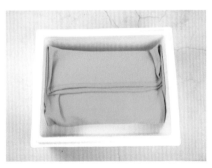

11 用毛巾包起模具，放入保溫箱中，保溫 24 小時。

12 從模具中取出，縱切成理想大小。

珍珠光澤皂 │ 分層裝飾花技巧

✛

象徵優雅的珍珠有防止老化的效果，只要添加米糠油和甜杏仁油，

就能讓你擁有像珍珠般自然又帶點光澤的無暇肌膚。

用雛菊點綴薄荷色和白色分層的皂體上端，營造可愛的氛圍。

每次使用手工皂時，會不自覺地露出可愛笑容喔！

材 料

基底油 　　　共 800g
椰子油……………160g
棕櫚油……………170g
米糠油………………80g
甜杏仁油…………150g
橄欖油……………120g
蓖麻油………………20g
玉米油……………100g

精油 　　　共 20ml
佛手柑精油…………10ml
鼠尾草精油……………5ml
花梨木精油……………5ml

氫氧化鈉水溶液
氫氧化鈉……………117g
洋甘菊蒸餾水
………………224g（28%）

其它工具
波浪型刮刀

皂液分配
白色皂液……………400ml
添加物→珍珠粉末……2g
二氧化鈦（液態）…少量

薄荷色皂液…………800ml
添加物→
青黛色素（液態）…少量
水綠色雲母（液態）…少量
二氧化鈦（液態）…少量

💧 製作皂液

1 先將椰子油、棕櫚油放入燒杯中，用 65℃ 完全融化後，再放入剩下的基底油材料攪拌均勻。

2 將氫氧化鈉放入洋甘菊蒸餾水中，攪拌至完全溶解後，待鹼水降到 40～45℃，再過篩加入基底油 1 中並攪拌均勻。

3 放入所有精油並攪拌均勻，皂液就完成了。

[Tip] 高溫狀態下加入精油的話，香氣會馬上散掉，因此待皂液降到 40℃ 以下的低溫時再添加精油。

🧁 混合添加物再入模

4 將完成的皂液 3 依定量分配後，分別放入添加物，調出白色、薄荷色皂液。

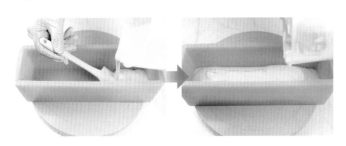

5 白色皂液達成 Trace 第三階段，再倒入模具中。

[Tip] 如果事先進行 Trace 的步驟，皂液馬上就會凝固，因此倒入模具之前再進行 Trace。

6 待白色皂液凝固後，用波浪型刮刀刮上端。

Tip 皂液凝固時再操作，波浪效果會更明顯。

7 薄荷色皂液達成 Trace 第三階段，再倒入模具中。

8 皂液稍微凝固後，用湯匙在上端做裝飾。

Tip 如果皂液太慢凝固，請放入保溫箱中保溫。

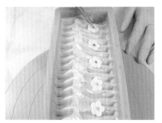

9 擺上裝飾用的花朵和花瓣時，避開切皂的部分。

Tip 可事先在模具上標記切割位置。

10 蓋上模具的蓋子或覆蓋保鮮膜。

✉ 保溫

11 用毛巾包起模具，放入保溫箱中，保溫 24 小時。

◎ 成皂

12 從模具中取出，縱切成理想大小。

製作裝飾用花朵

準備切成薄片的手工皂（白色、紅色）和花朵形狀的餅乾壓模。

Tip 使用修皂後剩餘的手工皂中較軟的部分。

用壓模蓋出白花。

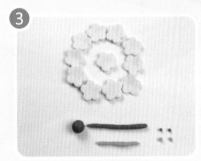

將紅色手工皂捏成圓形。

黏在花朵中央就完成了。

Tip 手工皂會因為手的熱度而變軟，方便黏貼。

特殊造型手工皂

現在就讓我們活用前面所學的技巧，製作各式各樣的手工皂！手工皂會根據顏色如何調配、技巧如何搭配而呈現出無窮無盡的款式。來製作款式五花八門的手工皂，掉進沒有出口的手工皂的魅力中吧！

火山泥三層皂 ｜ 三層技巧

✢

霧霾多的日子，要比平常花更多心思在洗臉上。

善用有助於殺菌和調節油脂的青黛、備長炭、火山泥粉末，製作三層手工皂。

營造出平整的層次是分層技巧的重點所在，根據每一層的比例、數量、顏色和

模具傾斜度的差異，便能製作出各式各樣的手工皂。

材 料

基底油	共 800g
椰子油	180g
棕櫚油	180g
綠茶籽油	80g
橄欖油	240g
蓖麻油	20g
葵花油	100g

精油	共 20ml
薰衣草精油	10ml
薄荷精油	5ml
馬丁香精油	5ml

氫氧化鈉水溶液

氫氧化鈉	119g
鹽膚木蒸餾水	240g（30％）

其它材料
切成長條狀的黑色皂片

皂液分配

灰色皂液	400ml
添加物→火山泥粉末	2g
備長炭粉末	少量
二氧化鈦（液態）	少量

白色皂液	400ml
添加物→二氧化鈦（液態）	少量

天藍色皂液	400ml
青黛色素（液態）	少量
二氧化鈦（液態）	少量

💧 製作皂液

1 先將椰子油、棕櫚油放入燒杯中，用 65℃ 完全融化後，再放入剩下的基底油材料攪拌均勻。

2 將氫氧化鈉放入鹽膚木蒸餾水中，攪拌至完全溶解後，待鹼水降到 40～45℃，再過篩加入基底油 1 中並攪拌均勻。

3 放入所有精油並攪拌均勻，皂液就完成了。

Tip 高溫狀態下加入精油的話，香氣會馬上散掉，因此待皂液降到 40℃ 以下的低溫時再添加精油。

🧺 混合添加物再入模

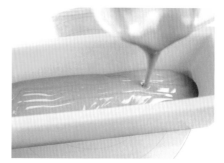

4 將完成的皂液 3 依固定份量分配後，再分別放入添加物，調出灰色、白色、天藍色皂液。

5 灰色皂液達成 Trace 第三階段，再倒入模具中。

Tip 如果事先進行 Trace 的步驟，皂液馬上就會凝固，因此倒入模具之前再進行 Trace。

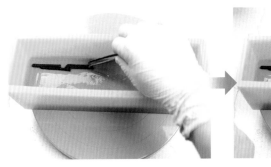

6 待皂液稍微凝固後，在上方添加切成長條狀的黑色皂片。

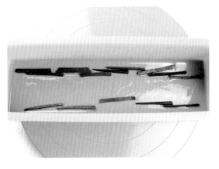

7 白色皂液達成 Trace 第三階段，再倒入 6 中。

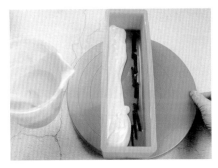

(Tip) 如果想要做出平整的層次，必須在灰色皂液凝固到不會流動的狀態下，才將白色皂液沿著模具的壁面倒下去。

8 待白色皂液凝固後，讓天藍色皂液達成 Trace 第三階段後再倒下去。

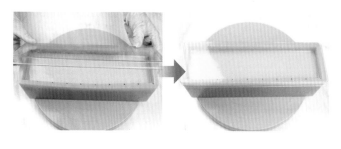

9 蓋上模具的蓋子或覆蓋保鮮膜。

▱ 保溫　　　　　◯ 成皂

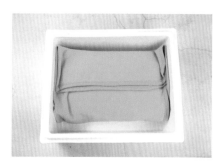

10 用毛巾包起模具，放入保溫箱中，保溫 24 小時。

11 從模具中取出，縱切成理想大小。

牛奶肌蒲公英皂 │ 線條技巧

✛

我們有時會因臉部泛紅，感到既難為情又害羞。藉由蒲公英和艾草粉末改善泛紅，
讓變得像紅蘿蔔一樣的臉蛋變成帶有牛奶光澤的肌膚。

這次利用線條技巧製作有條紋的手工皂，線條的粗細、間隔和顏色可以根據皂液
的用量或倒下去的順序來調整，亦可根據切割方向營造出各式各樣的線條。

材料

基底油	共 800g
椰子油	170g
棕櫚油	180g
酪梨油	70g
橄欖油	240g
玉米油	140g

精油	共 20ml
薰衣草精油	10ml
乳香精油	5ml
馬丁香精油	5ml

氫氧化鈉水溶液
氫氧化鈉
⋯⋯⋯⋯114g（3% 減鹼）
蒲公英蒸餾水
⋯⋯⋯⋯⋯⋯224g（28%）

皂液分配
白色皂液⋯⋯⋯⋯⋯700ml
添加物→二氧化鈦（液態）
⋯⋯⋯⋯⋯⋯⋯⋯ 少量

黑色皂液⋯⋯⋯⋯⋯150ml
添加物→備長炭粉末⋯ 1g
黃色皂液⋯⋯⋯⋯⋯150ml
添加物→陳皮粉末⋯⋯ 1g
二氧化鈦（液態）⋯ 少量

深綠色皂液⋯⋯⋯⋯100ml
添加物→蒲公英粉末⋯ 2g
艾草粉末⋯⋯⋯⋯⋯ 1g

影片示範
牛奶肌蒲公英皂

製作皂液

1 先將椰子油、棕櫚油放入燒杯中，用 65℃ 完全融化後，再放入剩下的基底油材料攪拌均勻。

2 將氫氧化鈉放入蒲公英蒸餾水中，攪拌至完全溶解後，待鹼水降到 40～45℃，再過篩加入基底油 1 中並攪拌均勻。

3 放入所有精油並攪拌均勻，皂液就完成了。

Tip 高溫狀態下加入精油的話，香氣會馬上散掉，因此待皂液降到 40℃ 以下的低溫時再添加精油。

混合添加物再入模

4 將完成的皂液 3 依固定份量分配後，再分別放入添加物，調出白色、黑色、黃色、深綠色皂液。

5 將皂模傾斜。

6 四種皂液全部達成 Trace 第一階段後，再輪流將它們
縱向倒入模具中。

[Tip] 全部從左邊往右邊倒。

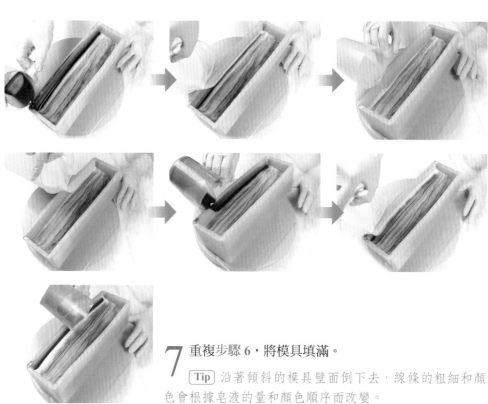

7 重複步驟 6，將模具填滿。

[Tip] 沿著傾斜的模具壁面倒下去，線條的粗細和顏
色會根據皂液的量和顏色順序而改變。

8 待皂液填滿模具後，重新將模
　具擺正。

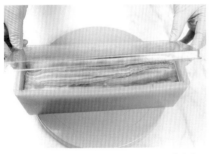

9 蓋上模具的蓋子或覆蓋保鮮膜。

⊟ 保溫　　　　　◎ 成皂

10 用毛巾包起模具，放入保
　　溫箱中，保溫 24 小時。

11 從模具中取出，橫切成理想
　　大小。

彈潤南瓜皂 | 表面彩繪技巧

⊹

我們愛吃的南瓜除了味道絕佳，對肌膚也相當有益。

南瓜的 β- 胡蘿蔔素能保護肌膚免於受到紫外線的傷害，

同時也含有大量礦物質，能防止老化，讓肌膚緊實有彈性。

多吃一些南瓜，也用來護膚吧！

材料

基底油	共 750g
椰子油	160g
棕櫚油	170g
澳洲胡桃油	120g
橄欖油	180g
葡萄籽油	40g
紅花籽油	80g

精油	共 20ml
薰衣草精油	10ml
乳香精油	5ml
馬丁香精油	5ml

氫氧化鈉水溶液

氫氧化鈉…………… 108g

絲瓜蒸餾水
…………210g（28%）

皂液分配

藍色皂液……………600ml
添加物→青黛粉末……3g
備長炭粉末 1g

黃色皂液……………150ml
添加物→南瓜粉末……2g

草綠色皂液…………150ml
添加物→艾草粉末……1g
青黛色素（液態）…少量
氧化鉻綠（液態）…少量

白色皂液……………200ml
添加物→二氧化鈦（液態）
………………………少量

💧 製作皂液

1 先將椰子油、棕櫚油放入燒杯中，用65℃完全融化後，再放入剩下的基底油材料攪拌均勻。

2 將氫氧化鈉放入絲瓜蒸餾水中，攪拌至完全溶解後，待鹼水降到40～45℃，再過篩加入基底油1中並攪拌均勻。

3 放入所有精油並攪拌均勻，皂液就完成了。

Tip 高溫狀態下加入精油的話，香氣會馬上散掉，因此待皂液降到40℃以下的低溫時再添加精油。

🧺 混合添加物再入模

4 將完成的皂液3依固定份量分配後，再分別放入添加物，調出藍色、黃色、草綠色、白色皂液。

5 所有皂液達成Trace第一階段。

6 沿著模具的壁面倒下藍色皂液，倒滿底部的2/3左右。

7 沿著模具的壁面倒下所有皂液，並從左邊開始一點一滴倒下去。

Tip 不用考慮顏色的順序，統一從左邊往右邊倒，方向一致。

8 重複步驟 6 ～ 7，將模具填滿。

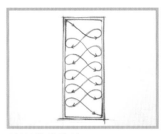

棒子移動路線

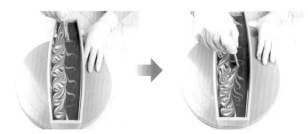

9 插下細長的棒子到底，勾勒出緞帶形狀的曲線。

〔Tip〕如果用相同方法再畫一次，曲線會變得更五彩繽紛。

10 蓋上模具的蓋子或覆蓋保鮮膜。

⬚ **保溫**

◯ **成皂**

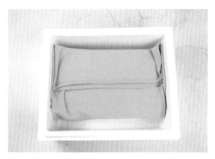

11 用毛巾包起模具，放入保溫箱中，保溫 24 小時。

12 從模具中取出，橫切成理想大小。

備長炭潔淨皂 ｜ 渲染技巧

✛

到目前為止已經學過將皂液倒入模具中或倒入後設計手工皂花樣的技巧，

這次要學的是，在燒杯中設計出想要的花樣後，

再倒入模具的渲染（pot swirl）技巧。

來製作隨意倒入皂液展現個人風格的手工皂吧！

材 料

基底油　　　　共 750g
椰子油⋯⋯⋯⋯⋯⋯ 180g
棕櫚油⋯⋯⋯⋯⋯⋯ 190g
綠茶籽油⋯⋯⋯⋯⋯ 80g
橄欖油⋯⋯⋯⋯⋯⋯ 160g
葵花籽油⋯⋯⋯⋯⋯ 80g
榛果油⋯⋯⋯⋯⋯⋯ 60g

精油　　　　共 20ml
檸檬精油⋯⋯⋯⋯⋯⋯10ml
綠薄荷精油⋯⋯⋯⋯⋯⋯8ml
廣藿香精油⋯⋯⋯⋯⋯⋯2ml

氫氧化鈉水溶液
氫氧化鈉
⋯⋯⋯⋯109g（3% 減鹼）
魚腥草蒸餾水
⋯⋯⋯⋯⋯⋯225g（30%）

皂液分配
白色皂液⋯⋯⋯⋯⋯⋯550ml
添加物→二氧化鈦（液態）
⋯⋯⋯⋯⋯⋯⋯⋯⋯ 少量
黑色皂液⋯⋯⋯⋯⋯⋯550ml
添加物→備長炭粉末⋯⋯ 2g

II

THE WESTE⋯
AND THE⋯
OF CIV⋯

◇ 製作皂液

1 先將椰子油、棕櫚油放入燒杯中，用 65℃完全融化後，再放入剩下的基底油材料攪拌均勻。

2 將氫氧化鈉放入魚腥草蒸餾水中，攪拌至完全溶解後，待鹼水降到 40～45℃，再過篩加入基底油 1 中並攪拌均勻。

3 放入所有精油並攪拌均勻，皂液就完成了。

Tip 高溫狀態下加入精油的話，香氣會馬上散掉，因此待皂液降到 40℃以下的低溫時再添加精油。

▨ 混合添加物再入模

4 將完成的皂液 3 依固定份量分配後，再分別放入添加物，調出黑色、白色皂液。

5 將 150ml 的黑色皂液裝到另一個燒杯中，並達成 Trace 第三階段，再倒入模具中。

Tip 如果事先進行 Trace 的步驟，皂液馬上就會凝固，因此要用的顏色倒入模具之前再進行 Trace。

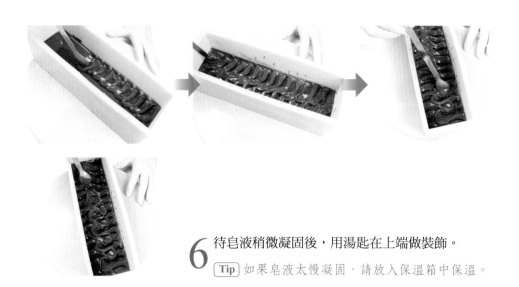

6 待皂液稍微凝固後，用湯匙在上端做裝飾。

Tip 如果皂液太慢凝固，請放入保溫箱中保溫。

7 白色和剩下的黑色皂液達成 Trace 第一階段，再輪
流倒入長嘴燒杯中。

Tip 倒下去時沿著燒杯的壁面往下倒，倒出圓形，白色
皂液倒多一點，黑色皂液倒少一點。

8 隨意倒入模具中。

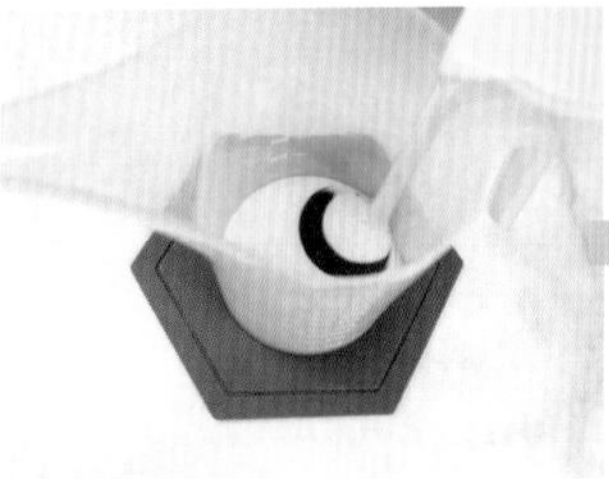

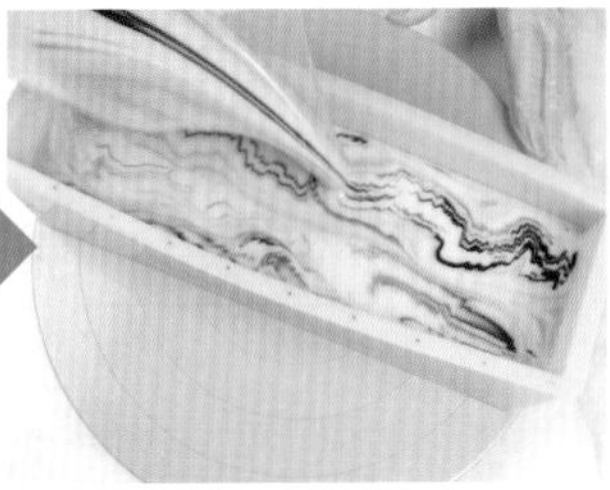

9 重複步驟 7 ~ 8，將模具填滿。

保溫

成皂

10 蓋上模具的蓋子或覆蓋保鮮膜。

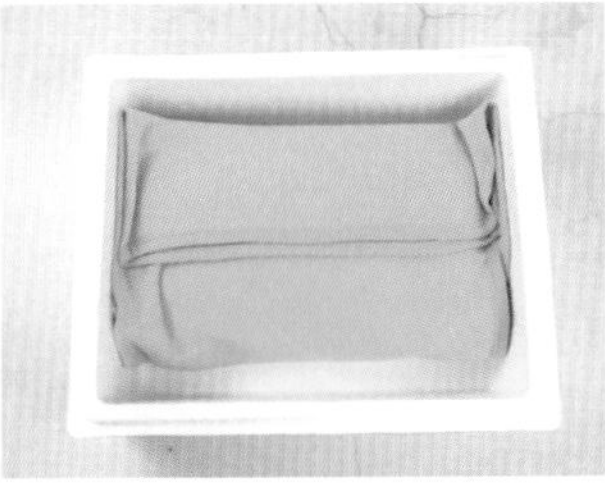

11 用毛巾包起模具，放入保溫箱中，保溫 24 小時。

12 從模具中取出，縱切成理想大小。

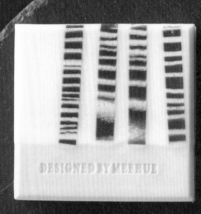
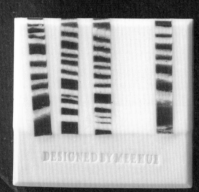

湯之花溫泉皂 ｜ 嵌入技巧

✚

湯之花大多被用來當作入浴劑，既能排毒，又能有效改善異位性皮膚炎。

嵌入技巧是將切成理想形狀的皂塊放入手工皂中。

一起來利用這項技巧製作有趣的手工皂吧！

根據嵌入的手工皂花樣、大小、顏色等因素，將會完成獨具風格的手工皂。

材料

基底油	共 750g
椰子油	150g
棕櫚油	160g
月見草油	100g
酪梨油	70g
橄欖油	220g
葡萄籽油	50g

精油	共 20ml
甜橙精油	12ml
馬丁香精油	6ml
沒藥精油	2ml

氫氧化鈉水溶液

氫氧化鈉	110g
洋甘菊蒸餾水	210g（28%）

其它材料
手工皂碎片

皂液分配

黃色皂液	**400ml**
添加物→	
湯之花溫泉粉粉末	5g
二氧化鈦（液態）	少量
白色皂液	**700ml**
添加物→	
二氧化鈦（液態）	少量

◎ 事前準備

將 5g 的湯之花溫泉粉加進 5g 的洋甘菊蒸餾水中
均勻溶解。（湯之花溫泉粉：洋甘菊蒸餾水 =1：1）

◇ 製作皂液

1 先將椰子油、棕櫚油放入燒杯中，用 65℃ 完全融化後，再放入剩下的基底油材料攪拌均勻。

2 將氫氧化鈉放入洋甘菊蒸餾水中，攪拌至完全溶解後，待鹼水降到 40～45℃，再過篩加入基底油 **1** 中並攪拌均勻。

3 放入所有精油並攪拌均勻，皂液就完成了。

Tip 高溫狀態下加入精油的話，香氣會馬上散掉，因此待皂液降到 40℃ 以下的低溫時再添加精油。

混合添加物再入模

4 將完成的皂液 **3** 依固定份量分配後，再分別放入添加物，調出黃色、白色皂液。

5 黃色皂液達成 Trace 第三階段，再倒入模具中。

6 待皂液凝固後，讓白色皂液達成 Trace 第二階段，再倒入模具中。

Tip 如果事先進行 Trace 的步驟，皂液馬上就會凝固，因此倒入模具之前先放入需要的添加物，再進行 Trace。

7 在切皂位置上放入要內嵌的手工皂。

[Tip] 因為黃色皂液已經凝固了，所以放入要內嵌的手工皂會覺得硬硬的，只要將手工皂插到黃色皂液處即可。

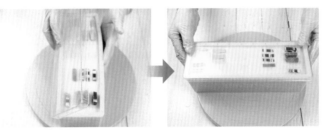

8 蓋上模具的蓋子或覆蓋保鮮膜。

⊟ **保溫**　　　　　◯ **成皂**

9 用毛巾包起模具，放入保溫箱中，保溫 24 小時。

10 從模具中取出，縱切成理想大小。

火山灰抗痘皂 ｜ 斜層技巧

✛

火山灰帶有天然的紫色，色澤純正又優雅，對痘痘肌或異位性皮膚炎有益。

試著用火山灰粉末來製作花樣華麗的拼布手工皂。

根據如何調整線條的粗細、顏色和傾斜度，

便能製作出充滿藝術氣息且別具品味的手工皂款式。

材料

基底油　　　共 800g
椰子油…………………150g
棕櫚油…………………160g
山茶花油………………200g
澳洲胡桃油……………80g
乳油木果油……………60g
玉米油…………………150g

精油　　　　共 20ml
柑橘精油………………14ml
生薑精油…………………4ml
廣藿香精油………………2ml

氫氧化鈉水溶液
氫氧化鈉………………117g
洋甘菊蒸餾水
………………240g（30％）

其它材料
黑色皂片
王冠形狀的皂塊

皂液分配
紫色皂液…………………350ml
添加物→火山灰粉末……3g
青黛色素（液態）……少量

白色皂液…………………650ml
（整體 200ml／上端 450ml）
添加物→
二氧化鈦（液態）……少量

黃色皂液…………………200ml
添加物→陳皮粉末………2g

◎ 事前準備

火山灰粉末不易溶於油脂中，因此請事先將 3g
的火山灰粉末加進 3g 的洋甘菊蒸餾水中（火山
灰粉末：洋甘菊蒸餾水 =1：1）拌勻。

💧 製作皂液

1 先將椰子油、棕櫚油、乳油木果油放入燒杯中，用 65℃ 完全融化後，再放入剩下的基底油材料並攪拌均勻。

2 將氫氧化鈉放入洋甘菊蒸餾水中，攪拌至完全溶解後，待鹼水降到 40～45℃，再過篩加入基底油 1 中並攪拌均勻。

3 放入所有精油並攪拌均勻，皂液就完成了。

Tip 高溫狀態下加入精油的話，香氣會馬上散掉，因此待皂液降到 40℃ 以下的低溫時再添加精油。

🧺 混合添加物再入模

4 將完成的皂液 3 依固定份量分配後，再分別放入添加物，調出紫色、白色、黃色皂液。

5 紫色皂液達成 Trace 第三階段，再倒入傾斜的模具中。

6 待皂液凝固後，將模具往另一邊傾斜。

Tip 如果事先進行 Trace 的步驟，皂液馬上就會凝固，因此要用的顏色倒入模具之前再進行 Trace。

7 白色皂液達成 Trace
第三階段，再放入黑
色皂片混合。

8 將皂液 7 倒入模具中。

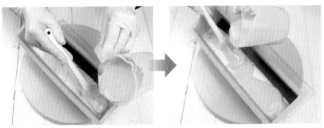

9 待白色皂液凝固後，再次將模具往另一邊傾斜。黃
色皂液達成 Trace 第三階段，再倒入模具中。

10 待皂液凝固後，將模具擺正，並讓剩下的白色
皂液達成 Trace 第三階段，再倒入模具中。

 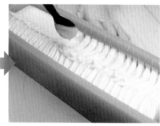

11 待皂液稍微凝固後，用湯匙在上端做裝飾。

Tip 如果皂液太慢凝固，請放入保溫箱中保溫。

12 避開切皂的位置，將皂塊擺在中央做裝飾。

13 蓋上模具的蓋子或覆蓋保鮮膜。

✉ 保溫

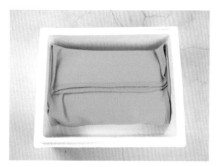

14 用毛巾包起模具，放入保溫箱中，保溫 24 小時。

◯ 成皂

15 從模具中取出，縱切成理想大小。

乾性肌　嬰幼兒　異位性皮膚炎

抗乾癢波浪皂 ｜ 線條技巧

✛

青黛和羊蹄葉能有效改善痘痘和皮膚發炎，

同時使用月見草油，更能鎮定肌膚乾癢問題，或嚴重的發炎性異位性皮膚炎。

使用斜層技巧製作的線條粗細，會根據倒入模具的顏色順序和份量而改變，

同時也能根據皂液所倒入的位置，製造出千變萬化的花紋。

材料

基底油	共 750g
椰子油	150g
棕櫚油	150g
月見草油	100g
乳油木果油	170g
葡萄籽油	50g
玉米油	80g

精油	共 20ml
薰衣草精油	10ml
茶樹精油	5ml
廣藿香精油	5ml

氫氧化鈉水溶液
氫氧化鈉	109g
洋甘菊蒸餾水	210g（28%）

皂液分配
棕色皂液	700ml
添加物→羊蹄葉粉末	6g
備長炭粉末	少量
藍色皂液	200ml
添加物→	
青黛色素（液態）	少量
白色皂液	150ml
添加物→	
二氧化鈦（液態）	少量

影片示範

抗乾癢波浪皂

💧 製作皂液

1 先將椰子油、棕櫚油、乳油木果油放入燒杯中，用 65℃ 完全融化後，再放入剩下的基底油材料並攪拌均勻。

2 將氫氧化鈉放入洋甘菊蒸餾水中，攪拌至完全溶解後，待鹼水降到 45℃，再過篩加入基底油 1 中並攪拌均勻。

3 放入所有精油並攪拌均勻，皂液就完成了。

[Tip] 高溫狀態下加入精油的話，香氣會馬上散掉，因此待皂液降到 40℃ 以下的低溫時再添加精油。

混合添加物再入模

4 將完成的皂液 3 依固定份量分配後，再分別放入添加物，調出棕色、藍色、白色皂液。

5 所有皂液達成 Trace 第一階段，再將棕色皂液倒入傾斜的模具中。

[Tip] 朝同一側倒入皂液。

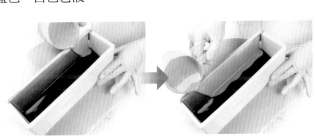

6 倒入藍色皂液。

[Tip] 可以根據倒入的份量來調整線條的粗細。

7 重複步驟 5 ～ 6，倒入
皂液。

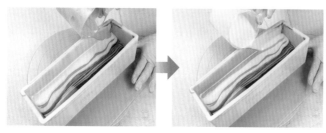

8 將模具往另一邊傾斜，
再重複倒入白色和藍色
皂液。

Tip 只要在藍色皂液中混
合一些白色皂液，便能營造
出漸層感。

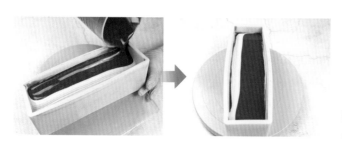

9 倒入棕色皂液，讓藍色
皂液集中到同一邊。

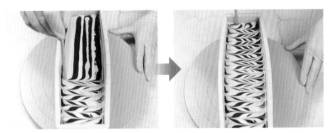

10 在表面倒下細長條狀的藍色、白色皂液。

11 在藍色、白色線條上方插進細長的棒子至 0.5cm 深，再左右移動勾勒出線條。

(Tip) 如果細長的棒子插太深碰到底部，會導致花紋跟底下的皂液混在一起而毀掉。

12 蓋上模具的蓋子或覆蓋保鮮膜。

▱ **保溫**　　　　⬭ **成皂**

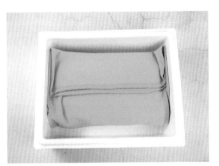

13 用毛巾包起模具，放入保溫箱中，保溫 24 小時。

14 從模具中取出，縱切成理想大小。

水潤茉莉柳橙皂 │ 水稻紋路技巧

✛

彩椒和陳皮粉末能呈現出鮮豔色彩，所以製皂時會大量使用，

不但能舒緩肌膚的發炎狀況，也能打造出水潤、有光澤的肌膚。

可以試著用各種乾燥香草點綴手工皂表面，柳橙、金盞花花瓣、玫瑰等乾燥香草

最具代表性。無須任何技巧，單靠香草就能創造出理想的手工皂。

材料

基底油　　　　共 800g
椰子油……………… 160g
棕櫚油……………… 170g
澳洲胡桃油…………… 70g
酪梨油……………… 100g
橄欖油……………… 200g
玉米油……………… 100g

精油　　　　　共 15ml
迷迭香精油……………6ml
萊姆精油 ………………5ml
山雞椒精油……………4ml

氫氧化鈉水溶液
氫氧化鈉……………… 118g
洋甘菊蒸餾水
………………224g（28%）

其它材料
乾燥柳橙
乾燥茉莉花

皂液分配
橘色皂液……………150ml
添加物→彩椒粉末 ……… 3g
黃色皂液……………150ml
添加物→陳皮粉末 ……… 2g
白色皂液……………900ml
（下端300ml／上端600ml）
添加物→
二氧化鈦（液態）…… 少量

◌ 製作皂液

1 先將椰子油、棕櫚油放入燒杯中，用65℃完全融化後，再放入剩下的基底油材料攪拌均勻。

2 將氫氧化鈉放入洋甘菊蒸餾水中，攪拌至完全溶解後，待鹼水降到40～45℃，再過篩加入基底油1中並攪拌均勻。

3 放入所有精油並攪拌均勻，皂液就完成了。

[Tip] 高溫狀態下加入精油的話，香氣會馬上散掉，因此待皂液降到40℃以下的低溫時再添加精油。

混合添加物再入模

4 將完成的皂液3依固定份量分配後，再分別放入添加物，調出橘色、黃色、白色皂液。

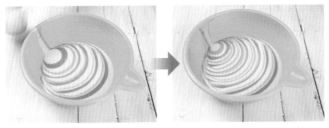

5 除了 600ml 的白色皂液外，讓所有皂液達成 Trace 第一階段，再輪流倒入有尖嘴的容器內。

Tip 從尖嘴對面的容器壁面倒下皂液，不用考慮顏色的順序。

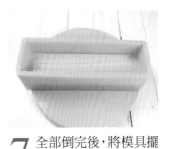

6 將皂液 5 倒入傾斜的模具中。

Tip 邊調整倒下去的量，邊沿著模具的壁面來回倒下皂液。

7 全部倒完後，將模具擺正，並等待皂液凝固。

Tip 如果希望皂液盡快凝固，可以放進保溫箱中。

8 待皂液稍微凝固後，讓預留的白色皂液達成 Trace 第三階段，再倒入模具中。

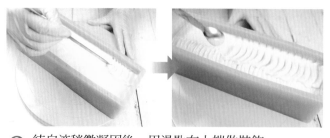 

9 待皂液稍微凝固後，用湯匙在上端做裝飾。

[Tip] 如果皂液太慢凝固，請放入保溫箱中保溫。

10 避開切皂的部分，擺上乾燥柳橙和乾燥茉莉花做裝飾。

11 蓋上模具的蓋子或覆蓋保鮮膜。

✉ **保溫** ⬭ **成皂**

12 用毛巾包起模具，放入保溫箱中，保溫 24 小時。

13 從模具中取出，縱切成理想大小。

諾麗果抗老皂 ｜ 羽毛紋路技巧

＋

隨著年紀增長，皮膚彈性也會逐漸變差，試著用被譽為「神的禮物」
的諾麗果來製作手工皂吧！諾麗果粉末能使肌膚細胞再生，
進行抗氧化作用，對於老化的皮膚有益。
將玫瑰果油和澳洲胡桃油一起添加進去，打造緊實有彈性的肌膚。

材料

基底油　　　　共 800g
椰子油················160g
棕櫚油················180g
澳洲胡桃油··········120g
玫瑰果油··············80g
橄欖油················200g
玉米油·················60g

精油　　　　　共 20ml
柑橘精油···········15ml
茴香精油············4ml
廣藿香精油·········1ml

氫氧化鈉水溶液
氫氧化鈉············118g
絲瓜蒸餾水
···········224g（28%）

其它工具材料
波浪型刮刀
鐵絲
花朵形狀的手工皂

皂液分配
深綠色皂液········300ml
添加物→諾麗果粉末···5g
備長炭粉末··········少量
氧化鉻綠（液態）···少量
綠色皂液··········150ml
添加物→艾草粉末······1g
氧化鉻綠（液態）···少量
白色皂液··········600ml
添加物→
二氧化鈦（液態）···少量

影片示範
諾麗果抗老皂

💧 製作皂液

1 先將椰子油、棕櫚油放入燒杯中，用 65℃完全融化後，再放入剩下的基底油材料攪拌均勻。

2 將氫氧化鈉放入絲瓜蒸餾水中，攪拌至完全溶解後，待鹼水降到 40～45℃，再過篩加入基底油 1 中並攪拌均勻。

3 放入所有精油並攪拌均勻，皂液就完成了。

Tip 高溫狀態下加入精油的話，香氣會馬上散掉，因此待皂液降到 40℃以下的低溫時再添加精油。

🧁 混合添加物再入模

4 將完成的皂液 3 依固定份量分配後，再分別放入添加物，調出深綠色、綠色、白色皂液。

5 深綠色皂液達成 Trace 第三階段，再倒入模具中。

Tip 如果事先進行 Trace 的步驟，皂液馬上就會凝固，因此要用的顏色倒入模具之前再進行 Trace。

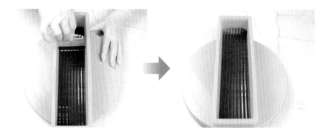

6 待皂液凝固後，用波浪型刮刀刮上端。

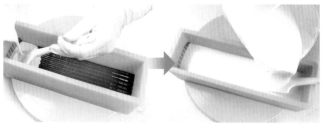

7 剩下的皂液達成 Trace 第一階段，再將白色皂液的 2/3 倒入模具中。

8 取少許綠色皂液到紙杯中，並在中央倒下一條細長的皂液。

9 取少許白色皂液到紙杯中，再將細長的白色皂液倒在綠線中央。

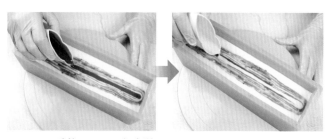

10 重複 3～4 次步驟 8～9。

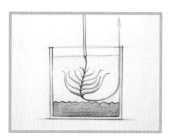

鐵絲移動路線

11 縱向插下鐵絲，再沿著模具的壁面往上取出來。

[Tip] 必須從深綠色皂液的上方放下鐵絲，再沿著模具的壁面取出。

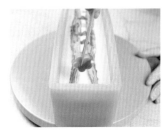

12 在切皂位置擺上花朵形狀的手工皂。

[Tip] 在模具上標記切割位置會更方便。

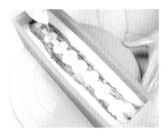

13 用白色皂液再覆蓋一次。

14 待皂液稍微凝固後，用湯匙在上端做裝飾。

[Tip] 如果皂液太慢凝固，請放入保溫箱中保溫。

✉ 保溫   ⬭ 成皂

15 蓋上模具的蓋子或覆蓋保鮮膜。

16 用毛巾包起模具，放入保溫箱中，保溫24小時。

17 從模具中取出，縱切成理想大小。

銀蓮花皂 ｜ 水滴技巧

✢

使用水滴技巧和嵌入技巧，畫出隨風飄散的花瓣。

花紋會隨著皂液滴落的高度、

皂液重疊的程度和皂液的用量而改變，

來創造如隨風四處飄散的花瓣般不受拘束的花紋吧！

材料

基底油　　　　　共 800g
椰子油······················ 170g
棕櫚油······················ 180g
澳洲胡桃油·················· 70g
橄欖油······················ 240g
蓖麻油······················ 20g
玉米油······················ 120g

精油　　　　　　共 25ml
甜橙精油 ·····················15ml
伊蘭伊蘭精油··········· 5ml
乳香精油 ····················· 5ml

氫氧化鈉水溶液
氫氧化鈉
···········115g（3% 減鹼）
鹽膚木蒸餾水
················224g（28%）

其它材料
花朵形狀的手工皂

皂液分配
藍色皂液 ················800ml
添加物→
青黛色素粉末 ··········· 5g
備長炭粉末 ··········· 少量

白色皂液 ················200ml
添加物→
二氧化鈦（液態）···· 少量

天藍色皂液···········200ml
添加物→
青黛色素（液態）···· 少量
二氧化鈦（液態）···· 少量

💧 製作皂液

1 先將椰子油、棕櫚油放入燒杯中，用65℃完全融化後，再放入剩下的基底油材料攪拌均勻。

2 將氫氧化鈉放入鹽膚木蒸餾水中，攪拌至完全溶解後，待鹼水降到40～45℃，再過篩加入基底油1中並攪拌均勻。

3 放入所有精油並攪拌均勻，皂液就完成了。

Tip 高溫狀態下加入精油的話，香氣會馬上散掉，因此待皂液降到40℃以下的低溫時再添加精油。

🧺 混合添加物再入模

4 將完成的皂液3依固定份量分配後，再分別放入添加物，調出藍色、白色、天藍色皂液。

5 所有皂液達成Trace第一階段，然後先將藍色皂液倒入模具中。為了做裝飾，取少許藍色皂液到紙杯中。

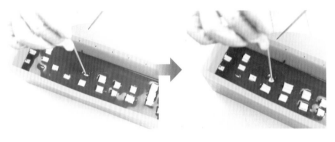

6 在切皂位置擺上花朵形狀的手工皂。

[Tip] 事先在模具上標記切割位置。

7 垂直往下推進去，讓擺上去的花朵形狀手工皂完全下沉。

8 從你想要的高度將白色皂液縱向來回倒入模具中。

[Tip] 只要調整倒下去的高度，便能改變紋路的高低。

9 也採用相同方式倒下天藍色皂液。

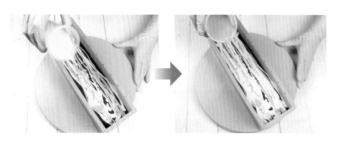

10　重複步驟 8 ～ 9 數
次倒入皂液。

11　將藍色、天藍色、
白色皂液輪流縱向
倒在上端，填滿一整面。

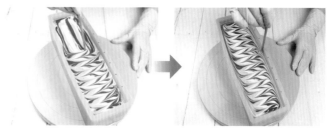

12　插進細長的棒子至 0.5cm 深，再左右移動勾勒
出線條。

[Tip] 如果細長的棒子插得太深，會導致花紋跟底下的皂
液混在一起而毀掉。

▱ 保溫　◍ 成皂

13　蓋上模具的蓋子
或覆蓋保鮮膜。

14　用毛巾包起模具，
放入保溫箱中，
保溫 24 小時。

15　從模具中取出，
縱切成理想大小。

魚腥草抗痘皂 ｜ 分層嵌入技巧

✢

荷爾蒙旺盛的青春期常常為油脂、

粉刺和痘痘等肌膚問題所困擾，

魚腥草、三白草是對痘痘有益的粉末，而膨潤土也能吸收油脂。

從現在起，對肌膚保有自信吧！

材料

基底油　　　　　**共 800g**
椰子油……………… 200g
棕櫚油……………… 180g
綠茶籽油…………… 80g
澳洲胡桃油………… 60g
杏桃核仁油………… 180g
蓖麻油……………… 20g
葵花油……………… 80g

精油　　　　　　**共 25ml**
薰衣草精油………… 15ml
馬丁香精油………… 5ml
乳香精油…………… 5ml

氫氧化鈉水溶液
氫氧化鈉…………… 120g
鹽膚木蒸餾水
………………… 224g（28%）

其它材料
皂塊………………… 75g

皂液分配
深綠色皂液…………700ml
（上、下端各 300ml ／中央
100ml）
添加物→魚腥草粉末…· 3g
三白草粉末………… 3g
備長炭粉末………… 少量
氧化鉻綠（液態）…· 少量
白色皂液 …………400ml
（上端 200ml ／下端 200ml）
添加物→膨潤土……… 2g
二氧化鈦（液態）…· 少量

💧 製作皂液

1 先將椰子油、棕櫚油放入燒杯中，用 65℃ 完全融化後，再放入剩下的基底油材料攪拌均勻。

2 將氫氧化鈉放入鹽膚木蒸餾水中，攪拌至完全溶解後，待鹼水降到 40～45℃，再過篩加入基底油 1 中並攪拌均勻。

3 放入所有精油並攪拌均勻，皂液就完成了。

Tip 高溫狀態下加入精油的話，香氣會馬上散掉，因此待皂液降到 40℃以下的低溫時再添加精油。

🗄 混合添加物再入模

4 將完成的 皂液 3 依固定份量分配後，再分別放入添加物，調出深綠色、白色皂液。

5 取 300ml 的深綠色皂液，並達成 Trace 第三階段，接著混合 35g 的皂塊，再倒入模具中。

(Tip) 如果事先進行 Trace 的步驟，皂液馬上就會凝固，因此要用的顏色倒入模具之前再進行 Trace。

6 待皂液凝固後，讓 200ml 的白色皂液達成 Trace 第三階段，再倒入模具中。

7 待皂液凝固後，讓 100ml 的深綠色皂液達成 Trace 第二階段，再倒入模具中。

(Tip) 少量皂液進行 Trace 時會變得太濃稠，難以弄平。

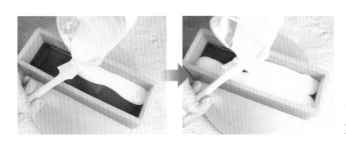

8 待皂液凝固後，讓剩下的白色皂液達成 Trace 第三階段，再倒入模具中。

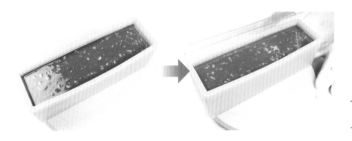

9 取 300ml 的深綠色皂液，並達成 Trace 第三階段，接著混合 35g 的皂塊，再倒入模具中。

10 蓋上模具的蓋子或覆蓋保鮮膜。

✉ 保溫

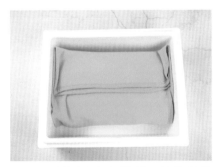

11 用毛巾包起模具，放入保溫箱中，保溫 24 小時。

◎ 成皂

12 從模具中取出，縱切成理想大小。

切面圓點皂 ｜ 圓點技巧

✛

跳脫基本的四角形，來製作圓形的手工皂吧！

只要利用吸管，就能簡單做出小圓形。

根據圓點的數量、位置和調配的顏色，

便能設計出渾圓又可愛的手工皂。

材 料

基底油　　　共 750g
椰子油······················ 180g
棕櫚油······················ 190g
綠茶籽油···················· 80g
橄欖油······················ 160g
葵花油······················ 80g
榛果油······················ 60g

精油　　　共 25ml
薰衣草精油···············15ml
茶樹精油 ····················5ml
佛手柑精油·················5ml

氫氧化鈉水溶液
氫氧化鈉················· 112g
鹽膚木蒸餾水
·················225g（30%）

其它材料
吸管

皂液分配
藍色皂液·············550ml
添加物→
青黛色素粉末············ 3g
備長炭粉末············ 少量
白色皂液·············550ml
添加物→膨潤土········· 1g
二氧化鈦（液態）···少量

⬡ 製作皂液

1 先將椰子油、棕櫚油放入燒杯中，用 65℃ 完全融化後，再放入剩下的基底油材料攪拌均勻。

2 將氫氧化鈉放入鹽膚木蒸餾水中，攪拌至完全溶解後，待鹼水降到 40～45℃，再過篩加入基底油 1 中並攪拌均勻。

3 放入所有精油並攪拌均勻，皂液就完成了。

Tip 高溫狀態下加入精油的話，香氣會馬上散掉，因此待皂液降到 40℃ 以下的低溫時再添加精油。

⬡ 混合添加物再入模

4 將完成的皂液 3 依固定份量分配後，再分別放入添加物，調出藍色、白色皂液。

5 藍色皂液達成 Trace 第三階段，再倒入模具中。

Tip 如果事先進行 Trace 的步驟，皂液馬上就會凝固，因此要用的顏色倒入模具之前再進行 Trace。

6 將吸管插在想要的位置上。

Tip 讓吸管長度高出模具 1cm 以上。

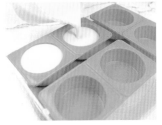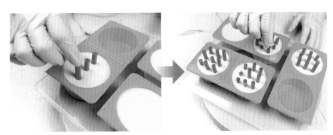

7 白色皂液也達成 Trace 第三階段，再倒入模具中。

8 將吸管插在想要的位置上

✉ 保溫

9 蓋上模具的蓋子保溫。

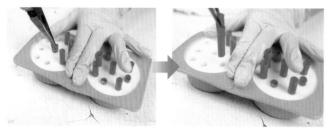

10 待保溫好的皂體完全冷卻後，便可拔掉吸管。

[Tip] 吸管不太好拔，請使用鉗子。

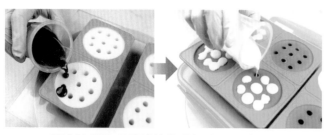

11 將皂液倒入吸管拔掉的孔洞內，再次保溫。

[Tip] 這時使用的皂液不多，製造它款手工皂時取一部分皂液來使用即可，大概需要 200ml 左右。

12 用毛巾包起模具，放入保溫箱中，保溫 24 小時。

◎ 成皂

13 用刨刀修整保溫好的皂體表面。

藝術感造型手工皂

善用工具或使用繽紛色彩,就能製作出獨具風格的設計款手工皂!從現在起,各位也是擁有好手藝的手工皂設計師。為珍貴的自己和深愛的他人製作美麗的手工皂,再當作禮物贈送出去吧!

滿月星空皂 ｜ 渲染技巧

調配黃色時所使用的梔子粉末具有鎮定和消炎作用。

這次將善用身邊唾手可得的工具，製作有花樣的手工皂款式。

一起用簡單的工具製作有趣又繽紛的花紋吧！

材 料

基底油　　　　　共 **800g**
椰子油‧‧‧‧‧‧‧‧‧‧‧‧‧‧‧‧‧ 200g
棕櫚油‧‧‧‧‧‧‧‧‧‧‧‧‧‧‧‧‧ 180g
綠茶籽油‧‧‧‧‧‧‧‧‧‧‧‧‧ 80g
澳洲胡桃油‧‧‧‧‧‧‧‧‧‧ 60g
橄欖油‧‧‧‧‧‧‧‧‧‧‧‧‧‧‧‧‧ 180g
蓖麻油‧‧‧‧‧‧‧‧‧‧‧‧‧‧‧‧‧ 20g
葵花油‧‧‧‧‧‧‧‧‧‧‧‧‧‧‧‧‧ 80g

精油　　　　　　共 **20ml**
檸檬精油‧‧‧‧‧‧‧‧‧‧‧‧‧8ml
綠薄荷精油‧‧‧‧‧‧‧‧‧‧‧10ml
廣藿香精油‧‧‧‧‧‧‧‧‧‧‧2ml

氫氧化鈉水溶液
氫氧化鈉
‧‧‧‧‧‧‧‧‧‧115g（3% 減鹼）
鹽膚木蒸餾水
‧‧‧‧‧‧‧‧‧‧224g（28%）

其它工具
塑膠圓柱體或衛生紙捲筒

皂液分配
黑色皂液 ‧‧‧‧‧‧‧‧‧‧‧‧‧400ml
添加物→備長炭粉末 2g

灰色皂液 ‧‧‧‧‧‧‧‧‧‧‧‧‧200ml
添加物→備長炭粉末少量、
二氧化鈦（液態）少量

白色皂液 ‧‧‧‧‧‧‧‧‧‧‧‧‧350ml
（底盤 200ml ／圓柱 150ml）
添加物→二氧化鈦（液態）
少量

黃色皂液 ‧‧‧‧‧‧‧‧‧‧‧‧‧250ml
添加物→梔子粉末 1g、
二氧化鈦（液態）少量

💧 製作皂液

1 先將椰子油、棕櫚油放入燒杯中，用65℃完全融化後，再放入剩下的基底油材料攪拌均勻。

2 將氫氧化鈉放入鹽膚木蒸餾水中，攪拌至完全溶解後，待鹼水降到40～45℃，再過篩加入基底油1中並攪拌均勻。

3 放入所有精油並攪拌均勻，皂液就完成了。

[Tip] 高溫狀態下加入精油的話，香氣會馬上散掉，因此待皂液降到40℃以下的低溫時再添加精油。

🧊 混合添加物再入模

4 將完成的皂液3依固定份量分配後，再分別放入添加物，調出黑色、灰色、白色、黃色皂液。

5 所有皂液達成Trace第一階段後，先將黑色皂液垂直倒入某側傾斜的模具中。

6 也採用相同方式倒下灰色、白色和黑色皂液1次。

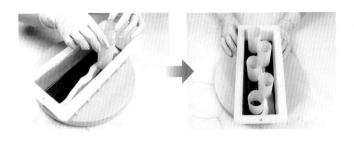

7 │ 將圓柱體（衛生紙捲
　　筒）插在理想位置。

8 │ 先將黃色皂液倒入燒
　　杯中，上方再倒入白
色皂液。

(Tip) 像畫圓一樣，沿著燒
杯的壁面倒下去。

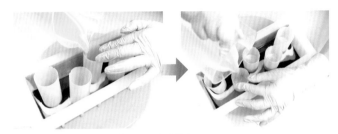

9 │ 將 8 沿著壁面倒入圓柱體內。

(Tip) 圓柱體內的皂液高度和外面要倒入的皂液高度
需要一致。建議不要一次全部倒完，一邊斟酌皂液的用
量，一邊調整高度。

10 │ 將黑色、灰色、白色皂液一排一排重複倒在柱子外面。

11 再重複步驟 8 ～ 9 一次後，將皂液倒入圓柱體內。

[Tip] 每次倒皂液時，一邊倒一邊壓著圓柱體，避免晃動。

12 將圓柱體移到理想的位置後固定好。

13 皂液全部倒完後，垂直拔起來圓柱。

14 完成後蓋上模具的蓋子。

▱ 保溫

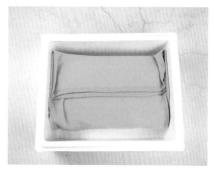

15 保溫。

◍ 成皂

16 橫向分切保溫好的皂體。

藍天大海皂 ｜ 流動技巧

✛

青黛和穀物粉末能去除油脂和角質，打造潔淨肌膚。

利用醬料瓶，做出細長重複的線條。

皂液不會彼此混在一起，還能畫出精緻的花紋。

使用海洋手工皂，在浴室彷彿像來到海邊遊玩一樣，也能感受到舒暢的感覺喔！

材料

基底油	共 800g
椰子油	180g
棕櫚油	180g
綠茶籽油	80g
澳洲胡桃油	60g
杏桃核仁油	180g
蓖麻油	20g
葵花油	100g

精油	共 20ml
薰衣草精油	8ml
檸檬精油	4ml
綠薄荷精油	4ml
薄荷精油	4ml

氫氧化鈉水溶液
氫氧化鈉 …………… 119g
鹽膚木蒸餾水
……………224g（28%）

其它工具
醬料瓶

皂液分配

沙灘色皂液…………100ml
添加物→穀物粉末 …… 1g
二氧化鈦（液態）…… 少量

白色皂液 …………200ml
添加物→
二氧化鈦（液態）…… 少量

天藍色皂液…………900ml
（大海 400ml ／天空 500ml）
添加物→
青黛色素（液態）…… 少量
二氧化鈦（液態）…… 少量

◊ 製作皂液

1 先將椰子油、棕櫚油放入燒杯中，用 65℃完全融化後，再放入剩下的基底油材料攪拌均勻。

2 將氫氧化鈉放入鹽膚木蒸餾水中，攪拌至完全溶解後，待鹼水降到 40 ～ 45℃，再過篩加入基底油 1 中並攪拌均勻。

3 放入所有精油並攪拌均勻，皂液就完成了。

Tip 高溫狀態下加入精油的話，香氣會馬上散掉，因此待皂液降到 40℃ 以下的低溫時再添加精油。

◊ 混合添加物再入模

4 將完成的皂液 3 依固定份量分配後，再分別放入添加物，調出沙灘色、白色、天藍色皂液。

5 將天藍色 500ml 皂液除外的所有皂液達成 Trace 第一階段，接著先將沙灘色皂液倒入模具中。

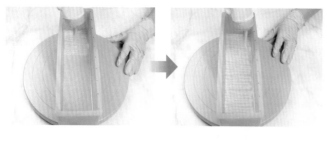

6 將白色皂液放入醬料瓶中，再橫向來回倒入模具中。

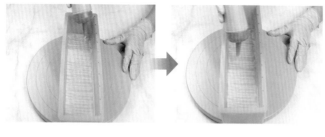

7 採用步驟 6 的方法倒下天藍色皂液。

8 重複步驟 6 ～ 7，將模具填滿。

9 再放一些青黛色素（液態）在天藍色皂液中，並混合均勻。

10 將天藍色皂液橫向來回倒入模具中後，不時也縱向倒入白色皂液。

Tip 此作法是為了營造海浪的意象。

11 再次添加少量青黛色素（液態）在天藍色皂液中，讓天藍色皂液變得更深後，橫向倒入模具中，將模具填滿。

12 剩下的白色皂液達成 Trace 第四階段後，擺在手工皂要切割的位置上，營造白雲感。

Tip 請事先在手工皂模具上標示出要切割的位置。

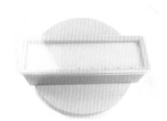

13 剩下的天藍色皂液 500ml 達成 Trace 第二階段後，倒入模具中，將模具填滿。

14 蓋上模具的蓋子或覆蓋保鮮膜。

🗐 保溫

◔ 成皂

15 用毛巾包起模具，放入保溫箱中，保溫 24 小時。

16 從模具中取出，縱切成理想大小。

花梨木親膚皂 ｜ 圓點技巧

✛

湯之花溫泉粉時常作為作入浴劑使用，
對於濕疹或異位性皮膚炎所引起的皮膚乾癢問題有鎮定的效果。
這款手工皂的設計理念，是用重複的圓點形狀來呈現泡泡感。

材料

基底油　　　共 800g
椰子油⋯⋯⋯⋯⋯ 160g
棕櫚油⋯⋯⋯⋯⋯ 170g
澳洲胡桃油⋯⋯⋯⋯ 70g
酪梨油⋯⋯⋯⋯⋯ 100g
橄欖油⋯⋯⋯⋯⋯ 200g
玉米油⋯⋯⋯⋯⋯ 100g

精油　　　共 15ml
花梨木精油⋯⋯⋯⋯8ml
雪松精油⋯⋯⋯⋯5ml
廣藿香精油⋯⋯⋯⋯2ml

氫氧化鈉水溶液
氫氧化鈉⋯⋯⋯⋯ 118g
洋甘菊蒸餾水
⋯⋯⋯⋯⋯224g（28%）

其它材料
醬料瓶

皂液分配
藍色皂液⋯⋯⋯⋯450ml
添加物→
青黛色素粉末⋯⋯⋯ 2g
備長炭粉末⋯⋯⋯ 少量
白色皂液⋯⋯⋯⋯450ml
添加物→
二氧化鈦（液態）⋯ 少量
黃色皂液⋯⋯⋯⋯300ml
添加物→
湯之花溫泉粉粉末⋯⋯ 5g
二氧化鈦（液態）⋯ 少量

影片示範
花梨木親膚皂

◎ **事前準備**

先將 5g 的洋甘菊蒸餾水和 5g 湯之花溫泉粉
（比例 1：1）化開。

◇ **製作皂液**

1 先將椰子油、棕櫚油
放入燒杯中，用 65℃
完全融化後，再放入剩下
的基底油材料攪拌均勻。

2 將氫氧化鈉放入洋甘
菊蒸餾水中，攪拌至
完全溶解後，待鹼水降到
40～45℃，再過篩加入基
底油 1 中並攪拌均勻。

3 放入所有精油並攪拌
均勻，皂液就完成了。

Tip 高溫狀態下加入精油
的話，香氣會馬上散掉，
因此待皂液降到 40℃ 以下
的低溫時再添加精油。

▦ **混合添加物再入模**

4 將完成的皂液 3 依固
定份量分配後，再分
別放入添加物，調出藍色、
白色、黃色皂液。

5 所有皂液達成 Trace
第一階段，再分別裝
入醬料瓶中。

6 在模具底部擠出圓形
的藍色皂液，並取出
間隔。

Tip 可透過圓形大小調整
手工皂的花紋大小。

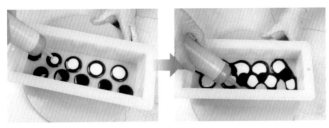

7 將圓形的白色皂液擠在藍色皂液中央，空出來的空間用黃色皂液填滿。

8 從藍色皂液開始重複步驟 6 ～ 7，但要避免顏色重疊。

Tip 以「藍色→白色→黃色」順序擠出皂液。

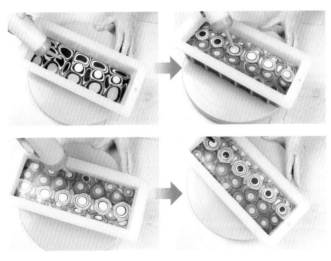

9 以藍色皂液打底，重複在中央擠上白色、黃色的圓，營造出各式各樣的圓形。

10 重複步驟 **8 ～ 9**，直到模具全部被填滿。

[Tip] 擠在藍色圓形內的白色、黃色皂液用量愈多，藍色邊框的線條愈細。

11 蓋上模具的蓋子或覆蓋保鮮膜。

🗋 **保溫**　　　　　　　　　◎ **成皂**

12 用毛巾包起模具，放入保溫箱中，保溫 24 小時。

13 從模具中取出，橫切成理想大小。

薰衣草三層皂 ｜ 分層技巧

+

單憑對肌膚問題有益的青黛粉末就能調配出繽紛的色彩，
而且根據手工皂切割的形狀也能製作出外形有趣的手工皂喔！
雖然切割平整的手工皂也很美，不過也可以切割成曲線、
鋸齒狀或手工皂比例不同等各式各樣的形狀。

材料

基底油	共 800g
椰子油	200g
棕櫚油	200g
綠茶籽油	80g
杏桃核仁油	100g
葵花油	120g
榛果油	100g

精油	共 20ml
薰衣草精油	8ml
綠薄荷精油	6ml
薄荷精油	4ml
廣藿香精油	2ml

氫氧化鈉水溶液
氫氧化鈉…………………… 120g
魚腥草蒸餾水
………………240g（30%）

皂液分配
藍色皂液……………350ml
添加物→青黛粉末………3g
備長炭粉末…………少量
白色皂液…………150ml
添加物→
二氧化鈦（液態）…少量
天藍色皂液…………650ml
添加物→
青黛色素（液態）…少量
二氧化鈦（液態）…少量

🌢 製作皂液

1 先將椰子油、棕櫚油放入燒杯中，用 65℃ 完全融化後，再放入剩下的基底油材料攪拌均勻。

2 將氫氧化鈉放入魚腥草蒸餾水中，攪拌至完全溶解後，待鹼水降到 40～45℃，再過篩加入基底油 1 中並攪拌均勻。

3 放入所有精油並攪拌均勻，皂液就完成了。

[Tip] 高溫狀態下加入精油的話，香氣會馬上散掉，因此待皂液降到 40℃以下的低溫時再添加精油。

🧺 混合添加物再入模

4 將完成的皂液 **3** 依固定份量分配後，再分別放入添加物，調出藍色、白色、天藍色皂液。

5 藍色皂液達成 Trace 第三階段，再倒入模具中。

[Tip] 如果事先進行 Trace 的步驟，皂液馬上就會凝固，因此要用的顏色倒入模具之前再進行 Trace。

6 待皂液凝固後，讓白色皂液達成 Trace 第三階段，再倒入模具中。

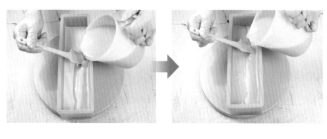

7 待皂液凝固後，讓天藍色皂液達成 Trace 第二階段，再倒入模具中。

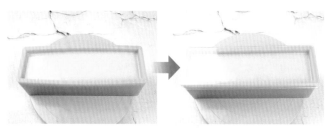

8 蓋上模具的蓋子或覆蓋保鮮膜。

▱ 保溫

◎ 成皂

9 用毛巾包起模具，放入保溫箱中，保溫 24 小時。

10 縱向分切保溫好的皂體後，用波浪型刮刀做出裝飾。

切割皂體的方法

①

準備要切割的皂體和波浪型刮刀。

②

準備縱向分切好的皂體。

③

用波浪型刮刀切割上端。

方塊穿繩皂 ｜ 分層技巧

✛

用分層技巧搭配嵌入技巧，製作能使粗糙肌膚變光滑的方塊造型粗鹽手工皂。

在看似單調的分層上用金色珠光粉裝飾線條，畫龍點睛一番。

質地偏軟、未添加化學硬化劑的手工皂，掛上繩子後再使用，

可保持乾燥，延長使用期限。

材 料

基底油　　　共 750g
椰子油······················· 170g
棕櫚油······················· 180g
綠茶籽油······················ 100g
杏桃核仁油·············· 180g
蓖麻油························· 20g
葵花油························· 100g

精油　　　　共 20ml
松油精油················10ml
迷迭香精油················7ml
雪松精油················3ml

氫氧化鈉水溶液
氫氧化鈉··············· 112g
魚腥草蒸餾水
····················210g（28%）

其它工具材料
黑色皂片
喜瑪拉雅水晶鹽········· 10g
金色珠光粉
篩網

皂液分配
深灰色皂液··········400ml
添加物→備長炭粉末···· 1g
淺灰色皂液··········700ml
添加物→
備長炭粉末·············少量
二氧化鈦（液態）····少量

◎ 事前準備

取 30g 的魚腥草蒸餾水使 10g 的喜瑪拉雅水晶鹽溶解。

🌢 製作皂液

1 先將椰子油、棕櫚油放入燒杯中，用 65℃ 完全融化後，再放入剩下的基底油材料攪拌均勻。

2 將氫氧化鈉放入魚腥草蒸餾水中，攪拌至完全溶解後，待鹼水降到 40～45℃，再和準備好的「喜瑪拉雅水晶鹽＋魚腥草蒸餾水」一起過篩加入基底油 1 中並攪拌均勻。

3 放入所有精油並攪拌均勻，皂液就完成了。

Tip 高溫狀態下加入精油的話，香氣會馬上散掉，因此待皂液降到 40℃ 以下的低溫時再添加精油。

⬚ 混合添加物再入模

4 將完成的皂液 3 依固定份量分配後，再分別放入添加物，調出深灰色、淺灰色皂液。

5 深灰色皂液達成 Trace 第三階段，再倒入模具中。

Tip 如果事先進行 Trace 的步驟，皂液馬上就會凝固，因此要用的顏色倒入模具之前再進行 Trace。

6 深灰色皂液達成 Trace 第三階段，再倒入模具中。

Tip 均勻撒下薄薄的金色珠光粉，避免產生空隙。

7 淺灰色皂液達成 Trace 第三階段，再放入皂片均勻混合後，倒入模具中。

8 待皂液凝固後，用湯匙在上端做裝飾。

Tip 如果皂液太慢凝固，請放入保溫箱中保溫。

✉ **保溫**　　　◯ **成皂**

9 蓋上模具的蓋子或覆蓋保鮮膜。

10 用毛巾包起模具，放入保溫箱中，保溫 24 小時。

11 縱向分切保溫好的皂體，穿上繩子。

幫手工皂穿繩的方法

1

準備手工皂、繩子、細長的竹籤
和錐子。

2

用錐子在手工皂中央鑽洞。

3

在繩子的末端打結。

4

將竹籤插在打結處,穿過手工皂的
洞,再從另一邊的洞口取出竹籤。

5

在兩端打上大大的結,以便將繩子
固定在手工皂上,這樣就完成了。

宇宙星球皂 ｜ 嵌入技巧

✙

皮膚突然出狀況時，請使用能快速鎮定肌膚的馬齒莧手工皂。

只要善用嵌入技巧，就能根據嵌進手工皂內的圖案製作花俏的紋路。

收集零碎皂塊做成球狀，再來製作紋路可愛的手工皂吧！

材料

基底油　　　　共 800g
椰子油……………… 190g
棕櫚油……………… 180g
綠茶籽油…………… 100g
澳洲胡桃油………… 70g
蓖麻油……………… 20g
玉米油……………… 120g
榛果油……………… 120g

精油　　　　　共 20ml
花梨木精油………… 12ml
雪松精油 ……………6ml
廣藿香精油…………… 2ml

氫氧化鈉水溶液
氫氧化鈉
…………116g（3% 減鹼）
魚腥草蒸餾水
…………240g（30%）

其它材料
內嵌手工皂
（集成球狀的皂塊）

皂液分配
棕色皂液 …………600ml
添加物→魚腥草粉末…… 3g
馬齒莧粉末 ………… 2g
備長炭粉末 ………… 少量
黑色皂液 …………250ml
添加物→備長炭粉末…… 1g
白色皂液 100ml
添加物→
二氧化鈦（液態）…… 少量
天藍色皂液 150ml
添加物→
青黛色素（液態）…… 少量
二氧化鈦（液態）…… 少量

製作皂液

1 先將椰子油、棕櫚油放入燒杯中，用 65℃ 完全融化後，再放入剩下的基底油材料攪拌均勻。

2 將氫氧化鈉放入魚腥草蒸餾水中，攪拌至完全溶解後，待鹼水降到 40～45℃，再過篩加入基底油 1 中並攪拌均勻。

3 放入所有精油並攪拌均勻，皂液就完成了。

Tip 高溫狀態下加入精油的話，香氣會馬上散掉，因此待皂液降到 40℃ 以下的低溫時再添加精油。

混合添加物再入模

4 將完成的皂液 3 依固定份量分配後，再分別放入添加物，調出棕色、黑色、白色、天藍色皂液。

5 取出 1/2 的棕色皂液達成 Trace 第三階段，再倒入模具中。

Tip 如果事先進行 Trace 的步驟，皂液馬上就會凝固，因此要用的顏色倒入模具之前再進行 Trace。

6 將用剩下的零碎皂塊集結成球狀,再切成一半,接著將這些皂塊輕輕放在棕色皂液上。

Tip 擺上皂塊時,可以事先在模具上標記手工皂最後要切割的位置,對準位置再擺上皂塊。

7 黑色、白色、天藍色皂液分別達成 Trace 第一階段。

8 先將黑色皂液倒入燒杯中,接著在上方隨意倒入白色、天藍色皂液,然後再直接倒入模具中。

Tip 分成兩次作業。

9 再重複步驟 8 一次,將模具填滿。

10 將集成球狀的內嵌手工皂擺在手工皂要切割的位置上,然後用力往下壓,讓它們沉入皂液中。

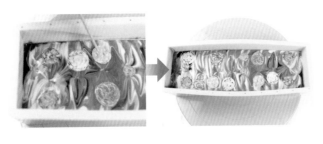

11 將切成一半的內嵌
手工皂斷面朝上擺
在皂液上，並稍微往下壓。

12 待表面凝固後，
讓剩下的棕色皂
液達成 Trace 第二階段，
再倒入模具中。

13 蓋上模具的蓋子
或覆蓋保鮮膜。

✉ **保溫**

◎ **成皂**

14 毛巾包起模具，放入保溫
箱中，保溫 24 小時。

15 從模具中取出，縱切成理
想大小。

年輪皂 ｜ 圓點技巧

✛

我們有時會在意粗大的毛孔，這時可以用栗皮粉末來收縮毛孔，

讓肌膚變得既細緻又光滑。在相同位置上將下方的皂液推開，

再重複畫上圓圈，是這次要學的圓點技巧。

利用帶有栗樹色澤的栗皮粉末來製作年輪造型的手工皂吧！

材料

基底油　　　共 800g
椰子油······················160g
棕櫚油······················180g
綠茶籽油····················60g
澳洲胡桃油·················100g
橄欖油······················200g
蓖麻油······················20g
玉米油······················80g

精油　　　　共 20ml
薰衣草精油···············10ml
馬丁香精油·················5ml
乳香精油····················5ml

氫氧化鈉水溶液
氫氧化鈉················118g
蒲公英蒸餾水
·················224g（28%）

其它工具
醬料瓶

皂液分配

棕色皂液···············250ml
添加物→栗皮粉末·······2g
備長炭粉末···············少量

白色皂液···············700ml
添加物→
二氧化鈦（液態）····少量

深綠色皂液···········250ml
添加物→蒲公英粉末····3g
牽牛子（牽牛花種子）
粉末·························2g
備長炭粉末···············少量

💧 製作皂液

1 先將椰子油、棕櫚油放入燒杯中，用 65℃ 完全融化後，再放入剩下的基底油材料攪拌均勻。

2 將氫氧化鈉放入蒲公英蒸餾水中，攪拌至完全溶解後，待鹼水降到 40～45℃，再過篩加入基底油 1 中並攪拌均勻。

3 放入所有精油並攪拌均勻，皂液就完成了。

Tip 高溫狀態下加入精油的話，香氣會馬上散掉，因此待皂液降到 40℃ 以下的低溫時再添加精油。

🧺 混合添加物再入模

4 將完成的皂液 3 分成三份後，再分別放入添加物，調出棕色、白色、深綠色皂液。

5 所有皂液達成 Trace 第一階段，再裝入醬料瓶中。

6 在模具底部擠上幾個大小適中的圓形棕色皂液。

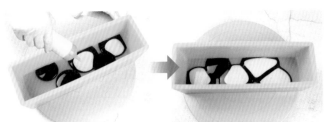

7 在棕色皂液上倒下白色皂液，使之延展成圓形。

[Tip] 可透過白色皂液的用量來調整圓形的大小。

8 採用相同方法在白色皂液上倒下棕色、深綠色皂液。

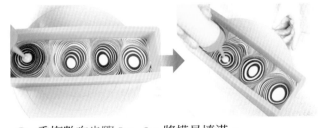

9 重複數次步驟 8 ～ 9，將模具填滿。

[Tip] 這時倒下愈多白色皂液，年輪的粗細就會愈細。

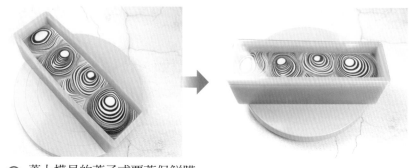

10 蓋上模具的蓋子或覆蓋保鮮膜。

✉ 保溫

11 用毛巾包起模具,放入保溫箱中,保溫 24 小時。

◌ 成皂

12 從模具中取出,縱切成理想大小。

[Tip] 切割時要切得比現有的手工皂厚,才能讓年輪造型更明顯。

王冠皂 │ 斜線分層嵌入技巧

✛

白礦泥粉能快速鎮定易敏感肌膚，

也可以使用於脆弱的嬰兒肌膚上。

在看起來單調無趣的手工皂頂端擺上王冠造型的皂塊，

就能增添亮點喔！

材料

基底油	共 800g
椰子油	160g
棕櫚油	170g
澳洲胡桃油	70g
酪梨油	100g
橄欖油	180g
玉米油	120g

精油	共 20ml
薰衣草精油	10ml
天竺葵精油	8ml
馬丁香精油	2ml

氫氧化鈉水溶液
氫氧化鈉 …………… 118g
洋甘菊蒸餾水
…………… 224g（28%）

其它材料
王冠造型皂塊

皂液分配
天藍色皂液…………400ml
添加物→
青黛色素（液態）…少量
二氧化鈦（液態）…少量

薄荷色皂液…………300ml
添加物→
水綠色雲母（液態）…少量
二氧化鈦（液態）…少量

白色皂液…………500ml
添加物→白礦泥粉 ……3g
二氧化鈦（液態）…少量

◊ 製作皂液

1 先將椰子油、棕櫚油放入燒杯中，用 65℃ 完全融化後，再放入剩下的基底油材料攪拌均勻。

2 將氫氧化鈉放入洋甘菊蒸餾水中，攪拌至完全溶解後，待鹼水降到 40～45℃，再過篩加入基底油 1 中並攪拌均勻。

3 放入所有精油並攪拌均勻，皂液就完成了。

Tip 高溫狀態下加入精油的話，香氣會馬上散掉，因此待皂液降到 40℃ 以下的低溫時再添加精油。

◊ 混合添加物再入模

4 將完成的皂液 3 依固定份量分配後，再分別放入添加物，調出天藍色、薄荷色、白色皂液。

5 天藍色皂液達成 Trace 第三階段，再倒入傾斜的模具中。

Tip 如果事先進行 Trace 的步驟，皂液馬上就會凝固，因此要用的顏色倒入模具之前再進行 Trace。

6 待皂液凝固後，對準手工皂切割的位置，在皂液較少的那一側擺上手工皂裝飾。

Tip 事先在模具上標記切皂位置會更方便。

7 將模具倒向另一側，薄荷色皂液達成 Trace 第三階段，再倒入模具中。

Tip 一點一滴慢慢倒，避免裝飾被推掉。

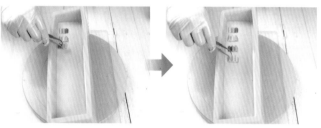

8 待皂液凝固後，將手工皂裝飾擺在切皂位置上。

9 模具擺正後，白色皂液達成 Trace 第三階段，再倒入模具中。

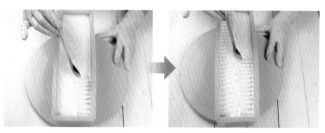

10 待皂液稍微凝固後，用湯匙在上端做裝飾。

Tip 如果皂液太慢凝固，請放入保溫箱中保溫。

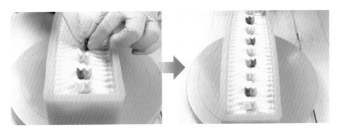

11 避開切皂位置,並擺上王冠造型的手工皂裝飾。

12 蓋上模具的蓋子或覆蓋保鮮膜。

▭ 保溫

13 用毛巾包起模具,放入保溫箱中,保溫 24 小時。

◯ 成皂

14 從模具中取出,縱切成理想大小。

NATURE
ORGANIC SOAP
———————
HANDMADE

NATURE
ORGANIC SOAP
———————
HANDMADE

特別收錄

到目前為止都有按部就班地跟上所有步驟嗎？如果就這樣結束了，是不是有點可惜呢？所以我為了各位準備了以下手工皂。收錄洗髮皂、寵物專用皂和使用零碎皂塊所製成的鵝卵石皂配方。如果最後連額外的款式也精益求精，那麼你就徹底征服手工皂了！

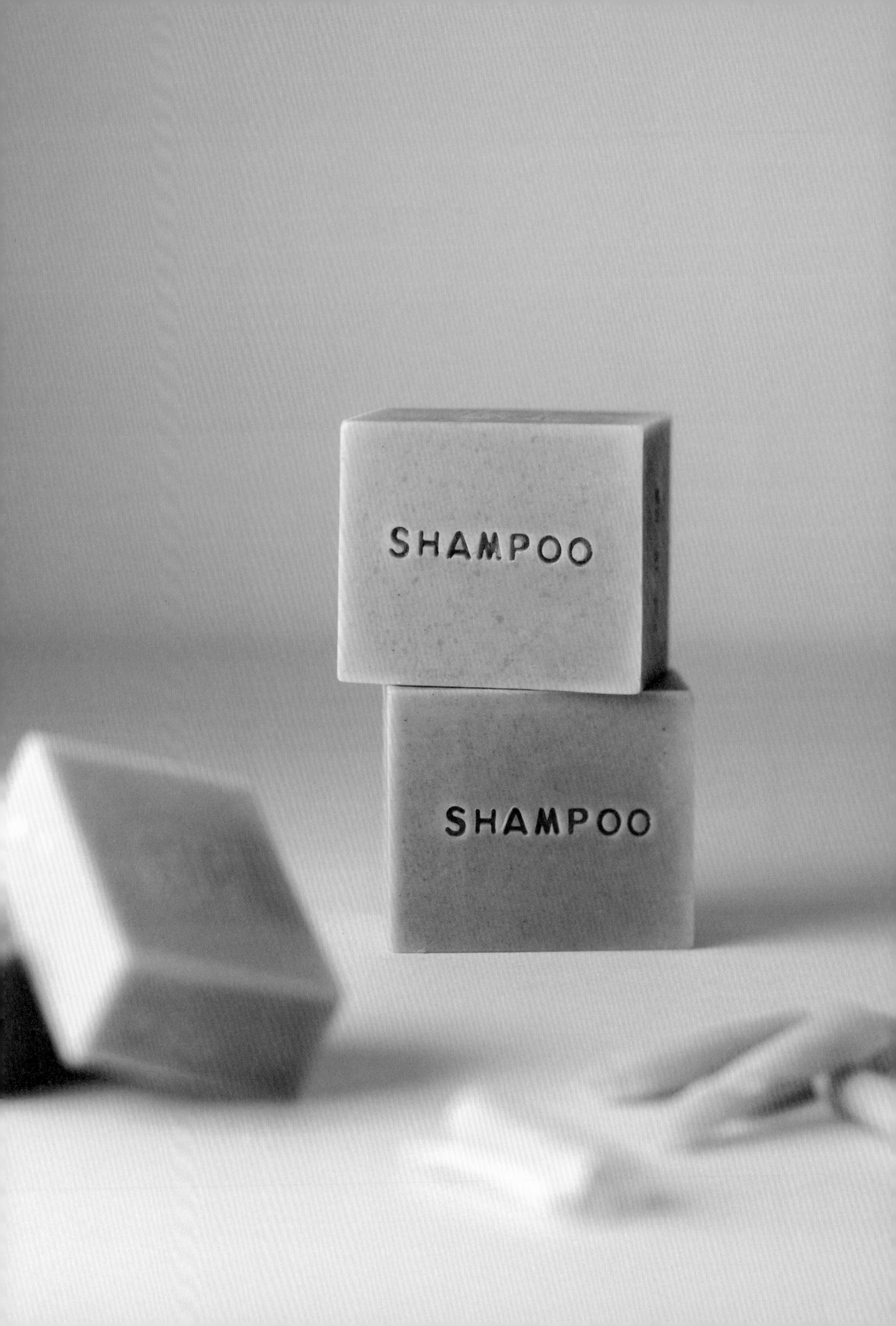
SHAMPOO
SHAMPOO

指甲花洗髮皂

✛

每次洗頭髮時，你曾經因為一撮一撮掉下來的頭髮而傷心過嗎？

相較於液態的洗髮精，洗髮皂不含矽靈和界面活性劑，所以對敏感的頭皮有益。

角蛋白的蛋白質成分能包覆毛髮，打造健康的毛髮；

指甲花粉末能使纖細的毛髮增厚，使頭髮免於受到陽光和灰塵的傷害。

材料

基底油　　　　共 **800g**
椰子油·················· 190g
棕櫚油·················· 200g
山茶花油 ·············· 120g
米糠油···················· 80g
橄欖油·················· 180g
蓖麻油···················· 30g

精油　　　　　共 **20ml**
薰衣草精油············10ml
迷迭香精油··············5ml
馬丁香精油··············5ml

氫氧化鈉水溶液
氫氧化鈉
··········115g（3% 減鹼）
洋甘菊蒸餾水
···············240g（30%）

添加物
指甲花粉末················5g
角蛋白粉末················2g

💧 製作皂液

1 先將椰子油、棕櫚油放入燒杯中，用 65℃完全融化後，再放入剩下的基底油材料攪拌均勻。

2 將氫氧化鈉放入洋甘菊蒸餾水中，攪拌至完全溶解後，待鹼水降到 40～45℃，再過篩加入基底油 1 中並攪拌均勻。

3 放入所有精油並攪拌均勻，皂液就完成了。

[Tip] 高溫狀態下加入精油的話，香氣會馬上散掉，因此待皂液降到 40℃以下的低溫時再添加精油。

🧈 混合添加物再入模

4 將角蛋白粉末放入皂液中，再用矽膠勺攪拌均勻。

5 放入指甲花粉末，並用手持攪拌棒和矽膠勺輪流攪拌。

6 達成 Trace 第三階段,再倒入
　模具中。

7 蓋上模具的蓋子或覆蓋保鮮
　膜。

✉ 保溫

8 用毛巾包起模具,放入保溫箱
　中,保溫 24 小時。

◯ 成皂

9 縱向分切完成的洗髮皂。

溫和肉桂寵物皂

✚

動物比人類敏感，如果含有有害的化學成分，很有可能會受到刺激。

在手工皂中添加角蛋白粉末，讓毛髮更柔順且帶有光澤。

只要在其中添加肉桂粉，就能減少引起臭味的細菌。

跟寵物一起享受愉快的沐浴時光吧！

材料

基底油　　　　共 750g
椰子油……………… 170g
棕櫚油……………… 180g
山茶花油…………… 100g
米糠油……………… 100g
橄欖油……………… 200g

精油　　　　　共 10ml
薰衣草精油…………7ml
桉樹精油……………3ml

氫氧化鈉水溶液
氫氧化鈉
…………108g（3% 減鹼）
洋甘菊蒸餾水
…………225g（30%）

其它工具材料
角蛋白粉末………………5g
曲線造型刮刀

皂液分配
白色皂液…………650ml
添加物→
二氧化鈦（液態）…少量

棕色皂液…………400ml
添加物→肉桂粉末……1g

💧 製作皂液

1 先將椰子油、棕櫚油放入燒杯中,用 65℃完全融化後,再放入剩下的基底油材料攪拌均勻。

2 將氫氧化鈉放入洋甘菊蒸餾水中,攪拌至完全溶解後,待鹼水降到 40～45℃,再過篩加入基底油 1 中並攪拌均勻。

3 放入所有精油並攪拌均勻,皂液就完成了。

Tip 高溫狀態下加入精油的話,香氣會馬上散掉,因此待皂液降到 40℃ 以下的低溫時再添加精油。

混合添加物再入模

4 將角蛋白粉末放入皂液中,並混合均勻。

5 將完成的皂液依固定份量分配後，再分別放入添加
物，調出棕色和白色皂液。

6 白色皂液達成 Trace 第三階段，再倒入模具中。搖晃模具，讓皂液上端變平坦。
Tip 如果事先進行 Trace 的步驟，皂液馬上就會凝固，因此要用的顏色倒入模具
之前再進行 Trace。

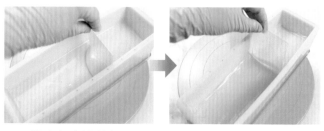

7 待白色皂液稍微凝固後，用曲線造型刮刀在皂液上端刮出曲線弧度。

8 待白色皂液凝固後，讓棕色皂液達成 Trace 第二階段。

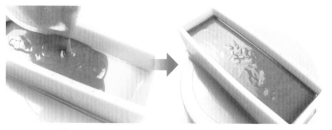

9 從模具的邊緣倒下棕色皂液，並填滿模具。

10 蓋上模具的蓋子或覆蓋保鮮膜。

▨ 保溫　　　　　　　◎ 成皂

11 用毛巾包起模具，放入保溫箱中，保溫 24 小時。

12 縱向分切完成的皂體。

皂邊活用鵝卵石皂

✛

切割或修整完成的手工皂時產生的皂邊，若直接丟掉也相當可惜。

將這些皂邊收集起來，製作成新的手工皂，

再掛上繩子，就會重新誕生成為煥然一新的手工皂。

1 皂邊還很柔軟時，用手捏成團。

Tip 將皂邊置之不理的話會變硬，因此可以放在塑膠袋內保存，避免變乾。含有大量椰子油和棕櫚油的手工皂不易集結成團。

2 利用手的熱度反覆搓揉，讓手工皂變軟。

3 變成可以塑造成想要形狀的狀態後，用手修飾形狀。

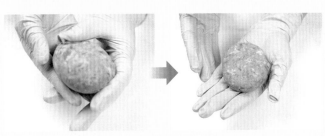

4 一邊用手修飾，一邊將表面處理得更光滑。

5 表面處理好後，用濕毛巾擦拭皂面數次。

6 用乾毛巾再擦拭一次，將表面處理得更光滑。

7 在手工皂表面蓋上印章，完成後在中央穿上繩子。

Tip 穿上繩子的方法請參考 p.196。

• 油品的氫氧化鈉皂化價 •

油品種類	氫氧化鈉皂化價	油品種類	氫氧化鈉皂化價
椰子油	0.190	酪梨油	0.133
棕櫚油	0.141	鴯鶓油	0.136
綠茶籽油	0.137	燕麥油	0.129
苦楝油	0.139	玉米胚芽油	0.136
月見草油	0.136	橄欖油	0.134
山茶花油	0.136	橄欖粕油	0.156
綿羊油	0.074	牛油	0.141
豬油	0.138	月桂樹油	0.155
玫瑰果油	0.137	核桃油	0.135
馬油	0.140	小麥胚芽油	0.131
澳洲胡桃油	0.139	芥花油	0.124
芒果油	0.137	金盞花油	0.135
米糠油	0.128	胡蘿蔔籽油	0.134
巴巴蘇油	0.175	可可豆油	0.137
猴麵包樹油	0.143	大豆油	0.135
琉璃苣油	0.136	夏威夷胡桃油	0.135
花椰菜籽油	0.123	瓊崖海棠油	0.148
黑芝麻油	0.133	棕櫚仁油	0.156
蜂蠟油	0.069	南瓜籽油	0.133
杏桃核仁油	0.135	葡萄籽油	0.126
甜杏仁油	0.136	蓖麻油	0.128
硬脂酸	0.148	葵花油	0.134
乳油木果油	0.128	大麻籽油	0.134
沙棘油	0.136	榛果油	0.135
摩洛哥堅果油	0.136	荷荷芭油	0.069
亞麻籽油	0.135	紅花籽油	0.136

油品的脂肪酸組成比例

油品	飽和脂肪酸				不飽和脂肪酸			
脂肪酸種類	月桂酸	肉豆蔻酸	棕櫚酸	硬脂酸	蓖麻油酸	油酸	亞麻油酸	亞麻仁油酸
脂肪酸特徵	洗淨力、硬度、起泡量大	洗淨力、硬度、泡泡細緻	硬度、泡泡穩定	硬度	起泡量大且穩定	護理（皮膚柔嫩、濕潤）	保濕力	柔順
椰子油	39～54	15～23	6～11	1～4	1	4～11	1～2	
棕櫚油			43～45	4～5		35～40	9～11	
綠茶籽油						57～62	21～25	1～3
苦楝油		2～3	14	17		55	10	
月見草油			7	2～3		9	73	9
山茶花油			9	2		77	8	
豬油		1	28	13		46	10	
玫瑰果油			4	2		12～13	35～40	
澳洲胡桃油			8～9	4		55～60		2
芒果油			12～18	26～57		45		7
米糠油			15	2～3		41～42	38～40	
巴巴蘇油	50	20	11	4			10	
猴麵包樹油		1	24	4		37	28	2
琉璃苣油			10	4		20	43	5
花椰菜籽油			3	1		14	11	9
黑芝麻油			9	5		40	43	1
杏桃核仁油			4～6			65～75	25～30	
甜杏仁油			4～6			70～80	10～18	
乳油木果油			5	35～45		45～55	5	5
沙棘油			30	1		28	10	
摩洛哥堅果油		1	14			46	34	1

油品	飽和脂肪酸				不飽和脂肪酸			
脂肪酸種類	月桂酸	肉豆蔻酸	棕櫚酸	硬脂酸	蓖麻油酸	油酸	亞麻油酸	亞麻仁油酸
脂肪酸特徵	洗淨力、硬度、起泡量大	洗淨力、硬度、泡泡細緻	硬度、泡泡穩定	硬度	起泡量大且穩定	護理（皮膚柔嫩、濕潤）	保濕力	柔順
亞麻籽油			6～7	2～3		27	13	50
酪梨油		15	15～20			55～65	16	2
玉米胚芽油			13	2～3		30～32	50	1～3
橄欖油			11	2		70～75	10	2～5
牛油	2	3～5	28	20～22		36～42	3	1
月桂樹油	25	1	15	1		31	26	1
小麥胚芽油			12～13			30～36	56	1
芥花油			1			50～60	20	8～10
可可豆油			25～30	31～35		35～36		3
大豆油			10	4～6		21～23	50	8～10
夏威夷胡桃油			6			20	42	29
瓊崖海棠油			12	13		34	38	1
棕櫚仁油	49	16	8	2		15	3	
南瓜籽油			13	5～6		20～23	56	
葡萄籽油			8	4～5		15～20	75～76	
蓖麻油					85～95	3～4	3～5	3～5
葵花油			7	4		16	70	1～3
大麻籽油			6	2		12	57	21
榛果油			5	3		75	10	
荷荷芭油						10～13		
紅花籽油			6～7			15	73～75	

生活樹　生活樹系列 082

天然系韓式質感手工皂

미휴의 디자인 천연비누

作　　者　權卿美
譯　　者　林育帆
總 編 輯　何玉美
主　　編　紀欣怡
責任編輯　謝宥融
封面設計　萬亞雰
版型設計　the BAND・變設計——Ada
內文排版　許貴華

出版發行　采實文化事業股份有限公司
行銷企畫　陳佩宜・黃于庭・馮羿勳・蔡雨庭・曾睦桓
業務發行　張世明・林踏欣・林坤蓉・王貞玉・張惠屏
國際版權　王俐雯・林冠妤
印務採購　曾玉霞
會計行政　王雅蕙・李韶婉・簡佩鈺
法律顧問　第一國際法律事務所　余淑杏律師
電子信箱　acme@acmebook.com.tw
采實官網　www.acmebook.com.tw
采實臉書　www.facebook.com/acmebook01

Ｉ Ｓ Ｂ Ｎ　978-986-507-156-1
定　　價　380 元
初版一刷　2020 年 8 月
劃撥帳號　50148859
劃撥戶名　采實文化事業股份有限公司
　　　　　10457 台北市中山區南京東路二段 95 號 9 樓
　　　　　電話：（02）2511-9798　傳真：（02）2571-3298

國家圖書館出版品預行編目資料

天然系韓式質感手工皂 / 權卿美著；林育帆譯 . -- 初版 . -- 臺北市：采實文化，2020.08
240 面；17×23 公分 . -- (生活樹系列；82)
ISBN 978-986-507-156-1(平裝)
1. 肥皂

466.4　　　　　　　　　　　　　　　　　　　　　　　　109008386

BOOK TITLE: 미휴의 디자인 천연비누 : 내 피부에 딱 맞춰 디자인한 핸드메이드 비누
Copyright©2019 by Kwan Kyung Mee.
All rights reserved.
Original Korean edition was published by VITABOOKS, an imprint of HealthChosun Co.,
Ltd.
Complex Chinese(Mandarin) Translation Copyright©2020 by ACME Publishing Co., Ltd.
Complex Chinese(Mandarin) translation rights arranged with VITABOOKS, an imprint of
HealthChosun Co., Ltd through AnyCraft-HUB Corp., Seoul, Korea & M.J AGENCY

采實文化 采實文化事業有限公司

104台北市中山區南京東路二段95號9樓

采實文化讀者服務部　收

讀者服務專線：02-2511-9798

미휴의 디자인 천연비누

天然系
韓式質感手工皂

37種天然色粉 × 33款造型技法
韓國手工皂女王教你做出韓式清新手工皂

權卿美──著　林育帆──譯

天然系韓式質感手工皂

讀者資料（本資料只供出版社內部建檔及寄送必要書訊使用）：

1. 姓名：

2. 性別：□男　□女

3. 出生年月日：民國　　　　　年　　　　月　　　　日（年齡：　　　　歲）

4. 教育程度：□大學以上　□大學　□專科　□高中（職）　□國中　□國小以下（含國小）

5. 聯絡地址：

6. 聯絡電話：

7. 電子郵件信箱：

8. 是否願意收到出版物相關資料：□願意　□不願意

購書資訊：

1. 您在哪裡購買本書？□金石堂（含金石堂網路書店）　□誠品　□何嘉仁　□博客來
　　□墊腳石　□其他：＿＿＿＿＿＿＿＿＿＿＿＿＿＿＿＿（請寫書店名稱）

2. 購買本書日期是？＿＿＿＿＿年＿＿＿＿月＿＿＿＿日

3. 您從哪裡得到這本書的相關訊息？□報紙廣告　□雜誌　□電視　□廣播　□親朋好友告知
　　□逛書店看到　□別人送的　□網路上看到

4. 什麼原因讓你購買本書？□喜歡料理　□注重健康　□被書名吸引才買的　□封面吸引人
　　□內容好，想買回去做做看　□其他：＿＿＿＿＿＿＿＿＿＿＿＿＿＿＿（請寫原因）

5. 看過書以後，您覺得本書的內容：□很好　□普通　□差強人意　□應再加強　□不夠充實
　　□很差　□令人失望

6. 對這本書的整體包裝設計，您覺得：□都很好　□封面吸引人，但內頁編排有待加強
　　□封面不夠吸引人，內頁編排很棒　□封面和內頁編排都有待加強　□封面和內頁編排都很差

寫下您對本書及出版社的建議：

1. 您最喜歡本書的特點：□圖片精美　□實用簡單　□包裝設計　□內容充實

2. 關於手工皂的訊息，您還想知道的有哪些？
＿＿＿
＿＿＿

3. 您對書中所傳達的步驟示範，有沒有不清楚的地方？
＿＿＿
＿＿＿

4. 未來，您還希望我們出版哪一方面的書籍？
＿＿＿
＿＿＿